スマート&スリム

未来都市構想

SMART & SLIM FUTURE CITY

村上周三

エネルギーフォーラム

はじめに

21世紀に生きる我々は地球環境問題という重荷を背負っている。20世紀の大量生産・大量消費というパラダイムに基づく環境負荷の大きい文明の見直しが不可避である。そのためには、まず環境負荷Ｌ（Load）の削減が求められる。しかし同時に人類が人間的生活を営むことのできる環境品質Ｑ（Quality）の確保も必要である。前者を必要条件とすれば、前者と後者を合わせたものが十分条件と位置づけられる。

20世紀の物質信奉文明の見直しを達成するための技術や思想として、本書ではスマート化とスリム化を提案している。物質信奉からの脱却という意味で、シンプルに「脱物質化」と呼ぶこともある。この見直しを達成するために、「いかにしてより少ない環境負荷でより高い環境品質を達成するか？」という命題が与えられる。建築と都市を対象にしてそのための未来を構想することが本書の主題である。環境負荷Ｌの削減と環境品質Ｑの向上は、筆者がその開発に携わってきた建築・都市の環境性能評価ツール「ＣＡＳＢＥＥ」の理念の根幹でもあり、本書の通底奏音ともいうべきものである。

環境負荷を削減することは可能であるが、これを過剰に追求すると環境品質の低下を招く。一方、環境品質の向上を図ることは可能であるが、環境負荷を増加させずにこれを達成することは容易ではない。すなわち、環境負荷の削減と環境品質の向上は、従来の物質信奉文明のパラダイムの下ではトレードオフの関係になりがちである。このトレードオフの克服のためには技術的イノベーションや20世紀の物質信奉文明の理念を克服するためのパラダイムシフトが求められ、ここではそれらをスマート化とスリム化と位置づけている。

スマート化は、情報技術を活用するイノベーションにより環境・エネルギー・情報を融合させ、環境負荷の削減と環境品質の向上を図るものである。

スリム化は、持続可能な文明構築に向けた価値観の転換ということができる。すなわち、価値観の転換・拡張やライフスタイルの変更をドライビングフォースにして、環境負荷の削減と環境品質の向上を求めるものである。その際重要なことは、物質信奉の価値観の下で尊重された環境品質とは異なる、新しい定義に基づく環境品質の考え方を導入することである。新たな価値観に基づく環境品質の導入を図るという意味において、スリム化はパラダイムシフトといわれる。

スリム化運動の具体的事例として、負荷削減と品質向上を掲げる評価ツール「ＣＡＳＢＥＥ」による建築・都市の環境性能の格付けと見える化を指摘することができる。スリム化による価値観転換後の世界を〝見える化〟し、将来展望として提示することは本書の主題の一つである。

世界人口は増加を続け、巨大都市の出現が急増している。21世紀は都市の時代である。都市環境問題の解決は人類共通の普遍的課題であるといえる。本書は、スマート化とスリム化を通して、この問題の解決に向けて都市の未来を構想するものである。この課題解決の主役は自治体と市民である。自治体と市民の主導によるまちづくりの方向を示すことは本書のもう一つの主題である。

スマート＆スリム未来都市構想

環境負荷の削減と環境品質の向上を求めて

目次

はじめに　1

第1章　建築と都市の展望――ヴァナキュラー住宅からメガシティまで　11

1　サステナブル建築の原点としてのヴァナキュラー住宅　12
1・1　サステナビリティの観点から評価したヴァナキュラー住宅
1・2　世界のヴァナキュラー住宅
1・3　評価ツール「CASBEE」に基づくヴァナキュラー住宅の性能評価
1・4　大量消費型住宅から脱物質型住宅へ
1・5　エコハウスとヴァナキュラー住宅

2　世界の住宅のエネルギー消費実態　22
2・1　民生、産業、運輸3部門のエネルギー消費動向
2・2　住宅のエネルギー消費の国際比較
2・3　日本の住宅のエネルギー消費と省エネのあり方

3　21世紀は都市の時代　32
3・1　急増する巨大都市
3・2　都市で消費されるエネルギー、都市から排出されるCO_2
3・3　都市をエンジンとする社会・経済の活性化

第2章　持続可能文明に向けた価値観の転換

1　人類と地球の持続可能性　49
1・1　低炭素化の制約下での「QOL」の向上
1・2　先進国と発展途上国の持続可能性評価
1・3　先進国の環境負荷Lと環境品質Q
1・4　発展途上国の環境負荷Lと環境品質Q
1・5　日本の役割と新しい価値観
2　スマート化とスリム化による価値観の転換　56
2・1　大量消費型文明の見直しのために求められる価値観の転換
2・2　物質文明の進展に対する反省と価値観転換の方向
2・3　物質信奉文明見直しの基盤となるスマート化とスリム化
2・4　脱物質型建築への道筋
3　住宅・建築・都市における新しい価値の追求　67
3・1　住宅断熱における価値観の転換――健康増進という新しい価値
3・2　オフィス空間における新しい価値――知的生産性
3・3　面的エネルギー利用における新しい価値の導入と費用便益比B／Cの改善

第3章　スマート&スリム化による未来都市構想と市民・自治体の役割　95

1　未来都市構想におけるスマート化とスリム化の必要性　96

1・1　スマート化

1・2　スリム化

2　未来都市構想の背景としてのエネルギー革命と情報革命　99

2・1　エネルギー革命

2・2　情報革命

3　都市におけるエネルギー利用の今後の方向とスマート化　102

3・1　増加する民生用エネルギー

3・2　建物単体から地域／都市スケールの省エネへ

3・3　集中型システムと分散型システム

4　スマート化とスリム化が住宅／都市にもたらす新しいサービス　106

4・1　スマート化

4・2　スリム化

4・3　スマートハウスが提供する新しい生活サービス

4・4　スマートシティにおける統合化された都市インフラ

5 スマート&スリム化時代の消費者動向 112
5・1 エネルギー需給における消費者参加の進展とプロシューマーの誕生
5・2 エネルギー利用に関する消費者行動の分類
6 スマート&スリム化に向けた市民と自治体主導の低炭素化 115
6・1 なぜ市民と自治体主導の低炭素化か？
6・2 都市主導の低炭素化に関する世界の先進事例
6・3 目標の提示と共有による市民参加の誘導
6・4 市民の行動パターン
6・5 意欲と行動の触発
6・6 意欲・行動の分類と施策の選択
6・7 省エネ建築普及に向けた不動産市場の整備

第4章 未来都市実現に向けた日本政府の取り組み 127

1 未来都市構想の必要性 128
1・1 課題先進国日本
1・2 未来都市の構想による日本の活性化
2 「環境モデル都市」 131
2・1 プログラムの概要

2・2 「環境モデル都市」のアクションプラン
2・3 「環境モデル都市」のCO_2削減目標
2・4 「環境モデル都市」の成果を普及させる仕組み
2・5 「環境モデル都市」のベストプラクティス
2・6 「環境モデル都市」の評価
2・7 「環境モデル都市」は何故成功したか？
2・8 「環境モデル都市」と「環境未来都市」の連携

3 「次世代エネルギー・社会システム実証事業」 149

3・1 事業の位置づけ
3・2 実証事業推進の背景としてのスマートグリッド
3・3 実証事業の内容

4 「環境未来都市」 153

4・1 「環境未来都市」の政策的枠組み
4・2 推進組織とスケジュール
4・3 「環境未来都市」のねらい——都市の魅力とはなにか？
4・4 〝住みたい&活力あるまち〟としての「環境未来都市」
4・5 いかにして価値創造の仕組みを内包させるか？
4・6 「環境未来都市」のアピールポイント
4・7 選定された「環境未来都市」
4・8 「環境未来都市」事業の流れと推進体制
4・9 事業推進、成果の波及と「環境未来都市」ネットワーク

第5章　全国自治体の環境性能評価　181

1　都市環境性能評価の背景と位置づけ　183

1・1　性能の見える化と環境性能評価の位置づけ
1・2　都市環境評価の背景と必要性
1・3　ストックの評価とフローの評価

2　環境性能評価ツール「CASBEE」　192

2・1　「CASBEEファミリー」の構成
2・2　「CASBEE都市」の構造

3　全国自治体の環境性能評価　198

3・1　環境負荷L（CO_2排出量）の評価の考え方
3・2　環境負荷Lと環境品質・活動度Qの評価
3・3　環境効率BEEによる都市環境の総合評価
3・4　現状から将来に向けた政策目標の共有
3・5　全国自治体の評価

あとがき　218

第1章

建築と都市の展望――
ヴァナキュラー住宅からメガシティまで

本書は地球環境のサステナビリティの確保と人類の生活環境におけるＱＯＬ（Quality Of Life）の向上を、建築や都市のあり方を通して展望するものである。第1章では、我々の生活基盤である住宅や都市の過去、現在、未来をサステナビリティの観点から概観し、現状の住宅や都市が抱える問題点を明らかにし、第2章以降で考察する未来都市を構想するための前提となる視点を提示する。

1 サステナブル建築の原点としてのヴァナキュラー住宅

1・1 サステナビリティの観点から評価したヴァナキュラー住宅

20世紀の大量生産・大量消費型文明がもたらした地球環境問題の深刻化を受けて、21世紀に生きる我々には環境負荷の少ない、すなわち「スマート化」、「スリム化」されたサステナブル社会の追求という課題が与えられた。このような状況の下で、サステナブル建築の原点ともいうべきヴァナキュラー住宅の有する高い環境共生性能に注目が寄せられている。この背景として、地球上の多様な生活文化の持続可能性の危機という側面も指摘することができる。ここでヴァナキュラー住宅とは、地域固有の気候、風土に適応して設計し、地場の材料を用いて建設された伝統的建築物を指す。

20世紀後半に始まったグローバリゼーションの流れは建築・都市分野にも及び、様式や技術の画一化が世界的に進展した。その結果、欧米生まれの建築様式・技術や都市計画手法が、地域の気候、風土と関係なく適用される傾向が一段と顕著になった。本来建築とは、歴史・文化、気候・風土やその地域に住む人々の生活様式を反映させて設計、生産されるべきものであり、それによって人々は住生活における自己や集団のアイデンティティーを確立してきた。

地球環境問題の深刻化で、我々は自然資本の持続可能性の危機については十分な共通認識を持つに至った。上記の建築様式、技術のグローバルな画一化は、世界各地に存在する貴重な固有の建築文化の持続可能性の危機と呼ばれるべきもので、我々は自然資本の場合と同様、その保全に留意する必要がある。近年ヴァナキュラー住宅に対して一層関心が高まっているが、そのひとつの背景としてこのような建築文化の持続可能性の危機を指摘することができる。

地球環境時代におけるヴァナキュラー住宅の特別な意義は、その環境効率の高さにある。すなわち、機械エネルギーを使用することなくパッシブデザインのみで高い居住環境水準を確保し、かつ地場の材料の活用によって地球に対する環境負荷を極端に減少させていることである。ヴァナキュラー住宅のこのような長所は現代建築が忘れてきた部分であり、サステナブル建築の原点とも言えるべきもので、21世紀の環境デザインにおいて我々が学ぶ点は多い。本書の主題とするスリム化のコンセプトの頂点ともいえるものである。

ヴァナキュラー建築の環境効率の高さは定量的に示されなければならない。ここでは性能の定量的評価のために、建物の環境性能評価ツール「ＣＡＳＢＥＥ」(Comprehensive Assessment System for Built Environment Efficiency) が用いられている[1]。「ＣＡＳＢＥＥ」における環境効率は、(達成された環境品質)／(そのために発生した環境負荷)として定義されるもので、ドイツのシュミット・ブレークのファクター10[2]やエルンスト・ワイツゼッカーのファクター４[3]の考え方に一致するものである。「ＣＡＳＢＥＥ」によって可視化されたヴァナキュラー建築の環境効率の驚くべき高さは、翻って現代建築の環境効率面での欠陥を露にするもので、今後の現代建築のデザインのあり方に対して示唆する所は多い。

1・2 世界のヴァナキュラー住宅

世界の代表的なヴァナキュラー住宅が図１に紹介されている[4]。いずれも、地域の気候・風土を反映した民族のアイデンティティーの結晶ともいうべき住宅である。

例えば、⑨に示すイグルーは厳寒地のカナダ北部に居住したイヌイットの冬季の狩猟用の住居として利用されたもので、雪氷のみを用いて建設されたものである。イグルーの屋内環境が予想に反して意外に快適であることはこの住居に滞在した研究者によって伝えられてきたが、コンピューター・シミュレーションによる屋内環境の再現によりそれが確認されている。

図1　世界のヴァナキュラー住宅[4]

乾燥地域
洞窟型住居(トルコ)

乾燥地域
採風塔を持つ住居(イラン)

乾燥地域
採風塔を持つ住居(UAE)

乾燥地域
カスバ(モロッコ)

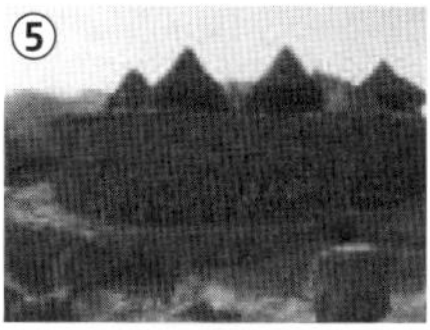

乾燥地域
コンパウンド(カメルーン)

蒸暑地域
水上住居(マレーシア)

蒸暑地域
高床式住居(インドネシア)

蒸暑地域
高床式住居(インドネシア)

寒冷地域
イグルー（カナダ北部)

①に示す洞窟型住居は世界各地に存在するが、トルコのカッパドキア地方のものが著名である。現在でも実生活に使用されているものが存在する。木材等の架構材料の不足する地域で、まさに地場の材料を活用した建築といえる。

⑦、⑧に示すインドネシアの高床式住居は、蒸暑気候に対応するために作られたものである。木や竹を使って作られた壁や床には開口が十分に設置されており、徹底した通風設計、採涼設計が施されている。

図1の事例に示すヴァナキュラー住宅はいずれも、環境調整におけるいわゆるパッシブ技術に関して知恵の結晶というべき高みに達している。どのヴァナキュラー住宅にも、近代技術の存在しない時代に、限られた技術的手段で安全・衛生、健康・快適等を目指した当時のパッシブ技術が集積されている。本書の主題とする「スリム化」を、環境負荷削減と環境品質の向上の両者の側面で実現している。ヴァナキュラー住宅が現代に住む我々の関心を掻き立てるのはこのゆえであろう。

ヴァナキュラー住宅の優れたパッシブ技術やサステナブル性能を高く評価する半面、ヴァナキュラー住宅の物理的環境に関して、科学的に根拠のない礼賛の声を聴くことも多い。いくらパッシブ技術の知恵を絞っても、限られた技術的手段で達成される屋内環境の水準には限界がある。ヴァナキュラー住宅の環境評価に際しては、この点に対する冷静な配慮が肝要である。次節では、建物の環境性能評価ツールとして広く使われている「ＣＡＳＢＥＥ」を用いて、ヴァナキュラー住宅や現代住宅を評価し、ヴァナキュラー住宅の現代的意義を明らかにする。

1・3 評価ツール「CASBEE」に基づくヴァナキュラー住宅の性能評価

評価ツール「CASBEE」では、環境負荷L（Load）の削減と環境品質Q（Quality）の向上という2つの側面に着目して評価する。LとQを用いて、環境効率BEE（Built Environment Efficiency）がQ／Lとして定義され、値が大きいほど環境性能が優れていることを意味する。環境効率BEEはより良い居住環境Qを、より少ない環境負荷Lで達成することを評価するための指標となる。Q／Lによる環境効率改善の考え方は、スリム化の理念にそのまま通じるものである。「CASBEE」による評価の枠組みや「CASBEEファミリー」については第5章に詳しい。

環境効率BEEを用いてヴァナキュラー住宅の性能を評価した結果を図2に示す。この図の縦軸は環境品質Qのスコア、横軸は環境負荷Lのスコアを示す。Qは大きいほど、Lは小さいほど高性能である。従って、左上が最良で、右下が最悪ということを意味する。左上がSランク（5つ星）で、右下に行くに従ってランクが下がり、一番右下がCランク（1つ星）となる。

●印で示すヴァナキュラー住宅はいずれも4つ星で、大変よい評価結果となった。この事例に示す▲印の現代住宅はいずれもランクB^{-}（2つ星）である。環境負荷の削減と居住性能の向上という2つの側面に着目した場合、ヴァナキュラー住宅の環境効率が現代の住宅に比べて劣ることはなく、

図2　CASBEEによるヴァナキュラー住宅の性能評価[4]

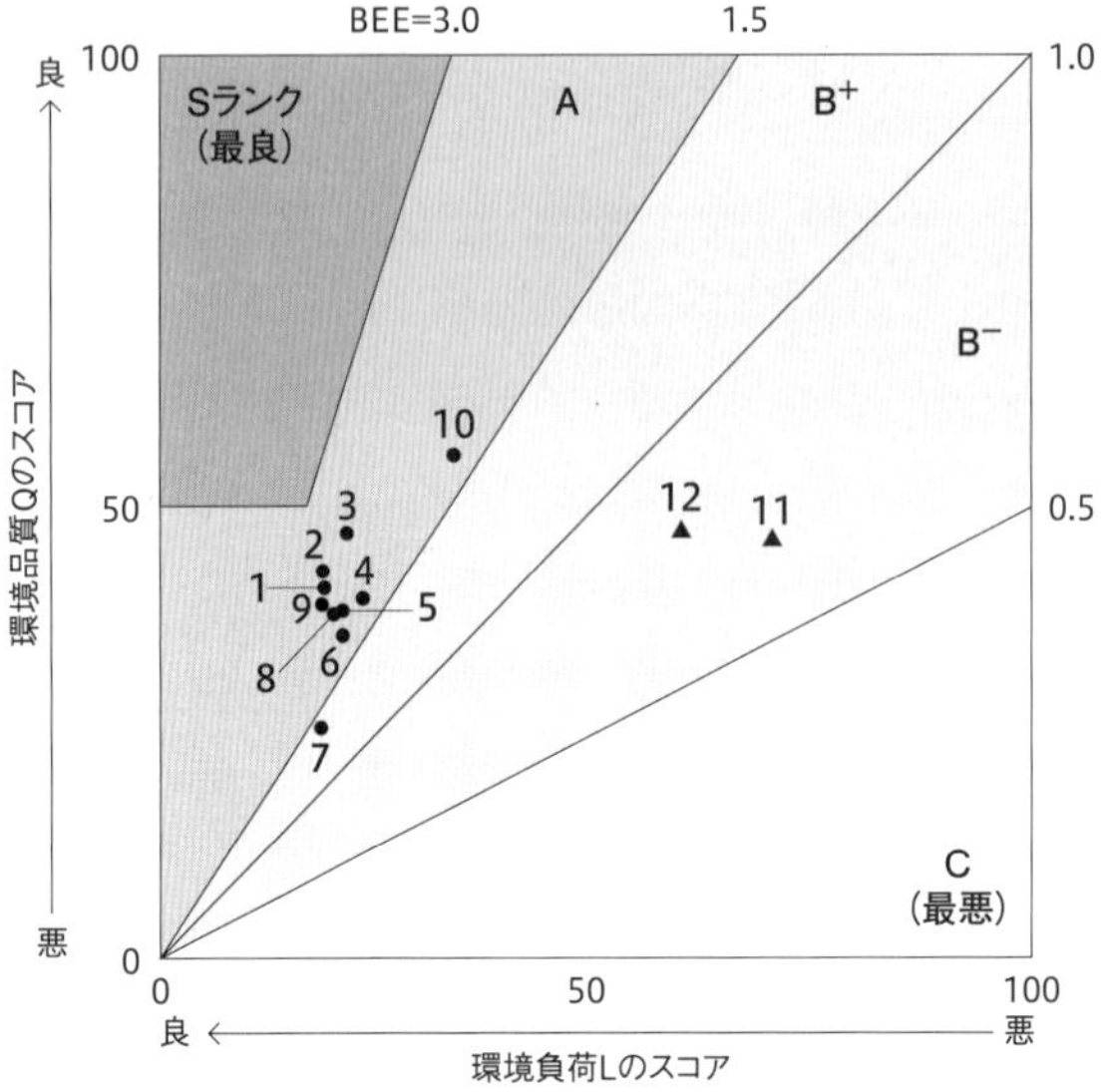

1　採風塔を持つ住居(イラン)
2　高床式住居(インドネシア)
3　高床式住居(インドネシア)
4　採風塔を持つ住居(UAE)
5　カスバ(モロッコ)
6　コンパウンド(カメルーン)
7　イグルー(カナダ北部)
8　水上住居(マレーシア)
9　洞窟型住居(トルコ)
10　ヴァナキュラー型の現代的集合住宅(ベトナム)
11　現代住居(モロッコ)
12　現代住居(トルコ)

1～10:ヴァナキュラー住宅／11～12:現代住宅

多くの場合かなり優れている。「CASBEE」のような現代建築を評価するために開発されたツールによって、ヴァナキュラー住宅の優れた環境効率が明らかにされたのは意外な成果である。なお、誤解の無いように次の2点を指摘しておく。第1点は、Qの視点で見ればヴァナキュラー住宅のそれは現代住宅に比べて低く、決して居住環境水準が十分高いとはいえないというこ

図3　環境効率の視点に基づくサステナブル住宅の推進

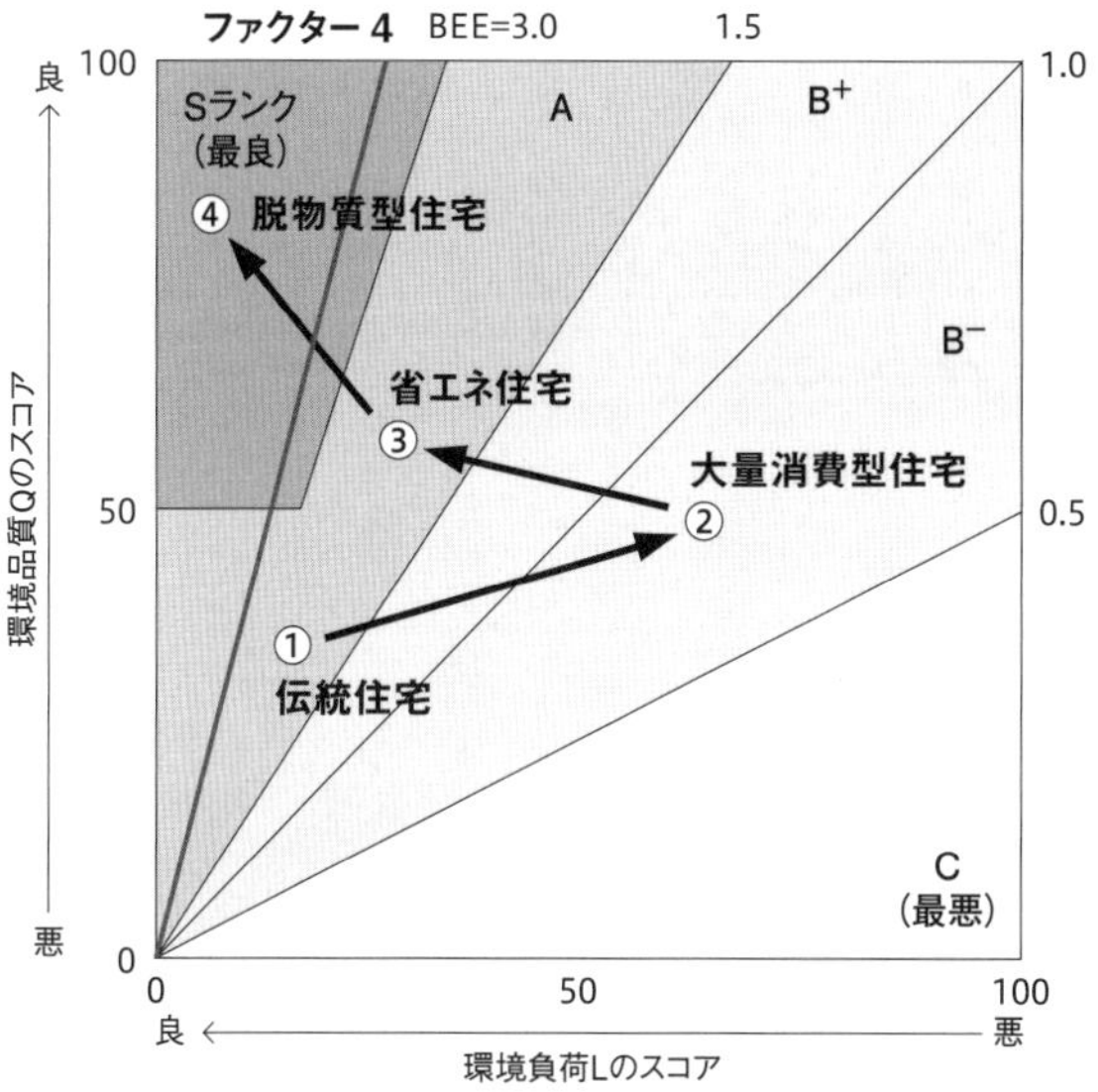

とである。第2点は、現代の日本の住宅にはSランクを示す優れたものが多々存在し、現代住居がすべて環境効率の面でヴァナキュラー住宅に劣るということはあり得ないということである。

1・4　大量消費型住宅から脱物質型住宅へ

サステナビリティ推進の視点から見た、各種住宅の性能の推移のイメージを図3に示す。

①はこれまで紹介してきたヴァナキュラー住宅（伝統住宅）で、環境品質Qが高いとは言えないが環境負荷Lが大変低いので、環境効率BE

Ｅは４つ星のＡランクで大変よい評価結果となる。日本の茅葺などの伝統的家屋もこのような環境性能を示す。

②は大量消費型住宅である。戦後の日本は、米国スタイルの大量消費文明をモデルとして新しい技術を駆使して一生懸命に家づくりに励んだ。これらの住宅では、環境品質は少し向上したが、それ以上に環境負荷が増えてしまった。結果として、ランクが２つ低下して２つ星という評価になる。その反省を踏まえ、20世紀末から③の省エネ住宅の推進に努力してきた。その結果、環境品質が向上したうえに環境負荷も減り、環境効率がヴァナキュラー住宅と同じ水準に回復してきた。④の脱物質型住宅は将来的な展望を示したものである。人類と地球がサステナブルであるためには住宅の環境性能もこのレベルに達しなければならないと考える。図３の左上の斜めの太線は、ワイツゼッカーが提唱しているファクター４に対応する線である。将来の脱物質型文明における住宅はファクター４を十分に超えるものでなくてはならない。

④の脱物質型住宅の実現において、環境負荷は比較的容易に減らすことができる。例えば、太陽光発電技術を利用すれば、化石エネルギー消費やCO_2の排出を大幅に削減することができる。しかし、環境品質も向上させるというのは容易ではない。これを達成するためには、本書の主題とする「スリム化」というパラダイムシフトが求められ、新しい豊かさに向けた価値観の転換が必要となる。価値観の転換やスマート化／スリム化については第２章で述べる。

1・5 エコハウスとヴァナキュラー住宅

地球環境時代のパラダイムを代表する言葉のひとつがエコロジーであり、生態系などの自然資産との共生を目指すキーワードとして使われてきた。エコロジーという概念は、19世紀から20世紀にかけてヨーロッパで産業革命が進展し、都市環境が著しく悪化した状況を受けて、いわばそのアンチテーゼとして持ち出されたものである。従って、その出自において反産業文明という性格を持っている。

建築・都市分野でも、例えばエコハウス、エコシティ等の呼び方の下に、物質信奉文明の見直し、すなわち「スリム化」を目指すさまざまな運動において、この言葉が用いられてきた。ただし近年〝エコ〟という言葉が氾濫し、本来の意味に対応しない使われ方もしばしば見られる。

住宅は居住者に対して様々な生活サービスを提供する器である。現在頻繁に使われるエコハウスという言葉の場合は、特に地球環境に対する負荷削減を目指したサービス提供に焦点が当てられている。その意味で、「エコハウス」の目指すところはヴァナキュラー住宅が実現しているものに近い。

エコハウスのマーケットにおいては、消費者の関心は設備、断熱、日当たりなどのハード面に集中しがちである。しかし同時に大切なのは、エコハウスが提供を目指しているエコライフのあり方である。いくら省エネ型の住宅を作っても、その中でエネルギーをジャブジャブ消費するような生活が営まれたのでは決して省エネ住宅にならない。この点が、エコハウスの理念が価値観の転換を目指す「スリム化」の考え方に通じる点である。

すなわちエコハウスは、住宅を提供する側と住宅を利用する側が、環境共生という21世紀の人類の目標を共有し、居住者が受動的でなく主体的に省エネ型ライフスタイルへの意識改革と実践を促されるような設計思想を持ったものでなくてはならない。その設計思想にヴァナキュラー住宅が示唆する現代性が反映されていることが期待される。このように「エコ」の理念は、その言葉が正しく使われるならば、本書の主題とする「スリム化」されたライフスタイルに通じるものであり、エコハウスは前述した「脱物質型住宅」の実現につながるものである。

2 世界の住宅のエネルギー消費実態

東日本大震災による原発事故の結果としてもたらされる電力の高カーボン化の方向は住宅の低炭素化を推進するうえでの大きな障害となる。したがって今まで以上の省エネが要請されることになる。本節では世界の住宅におけるエネルギー消費を概観し、日本の住宅におけるエネルギー消費動向、屋内環境の実態や今後の省エネのあり方について考察する。

図４　民生、産業、運輸部門のCO_2排出量の動向[5]

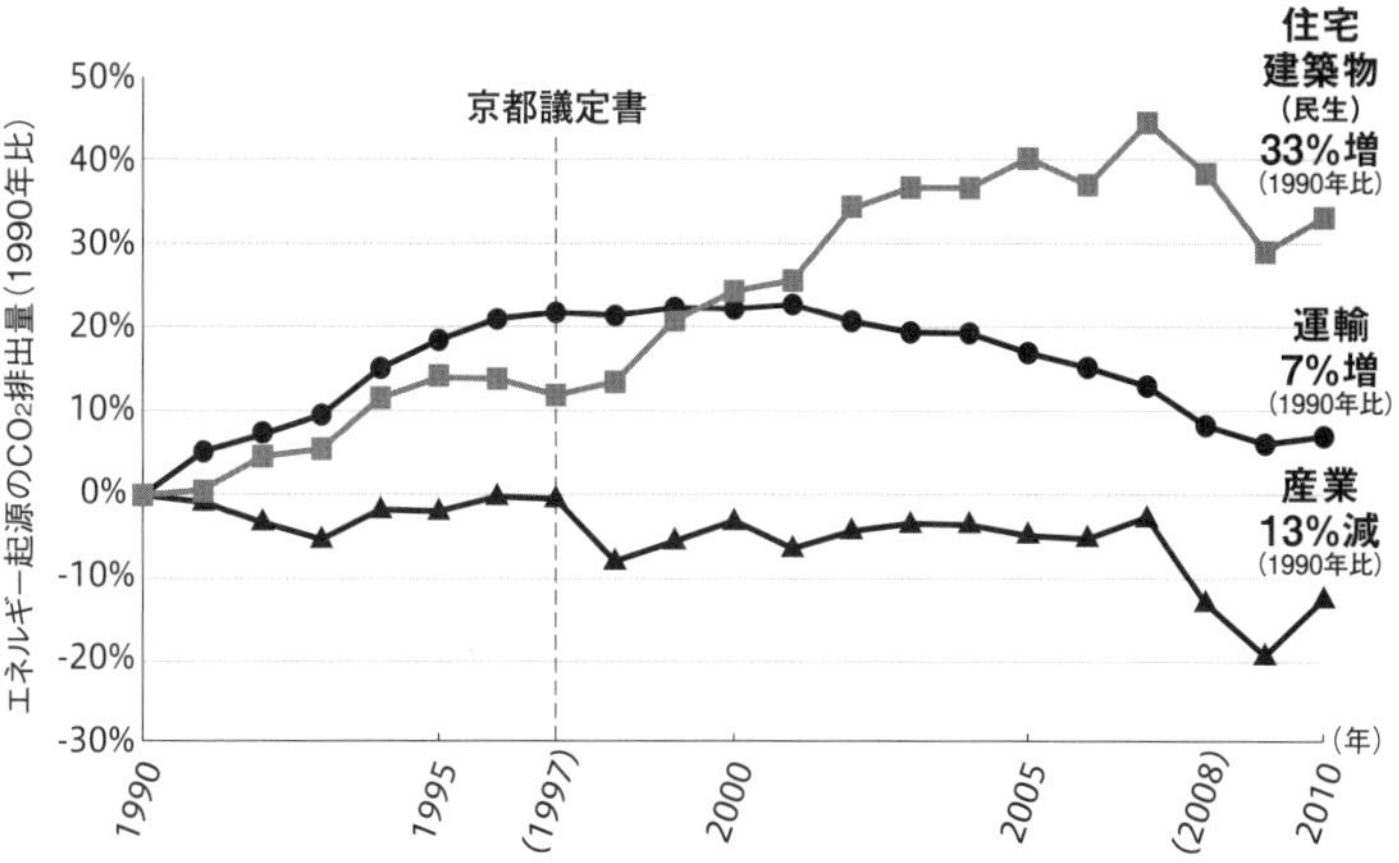

２・１　民生、産業、運輸３部門のエネルギー消費動向

　一国のエネルギー消費は、民生、産業、運輸という、需要３部門に分類して表示されるのが一般的である。民生部門は、民生家庭と民生業務で構成される。図４に、需要３部門の消費動向をCO_2排出量を指標にして示す[5]。ここでは、京都議定書の基準年である１９９０年を起点にして消費動向を比較している。

　１９９７年の京都議定書採択以降、産業、運輸の両部門が低下しているのに対し、民生部門は大きく増加している。３部門ともリーマンショックの影響で２００８、９年頃一時的に低下したが、再び増加の傾向が認められる。民生部門の著しい増加傾向を受けて、この部門に対する省エネの要請は強い。原発事故以降その要請は一層強くなっている。しかし産官学をあげた省エネの努力にもかかわらず、過去において十分な省エネの実績が上がっていないのが実情である。本書は民生部門のエネルギー消費の抑制という課題解決に向けた方策を、建築・都市に着目して、スマート化、スリム化による脱物質文明の構築という観点から提示することを目指している。

ただし次節で述べるように、日本の住宅におけるエネルギー消費、特に暖房用消費は欧米諸国や韓国に比べ著しく低いのが実態である。このような状況の中で、冬季の屋内環境水準の向上を図ると同時に省エネを推進するという、2つの側面に配慮した施策を展開しなければならない。2つの目的を同時に達成するための主要な手段が断熱の向上であり、これについては第2章で解説する。

2・2 住宅のエネルギー消費の国際比較

世界各国の住宅におけるエネルギー消費量の国際比較を図5に示す[6]。他の先進国にくらべ日本のエネルギー消費量は少ない。韓国にくらべてもはるかに少ない。低負荷文明の構築という目標の下で、日本の伝統ともいえるスリムなライフスタイルがもたらすこの長所は高く評価されてよい。中国、インドなどの発展途上国におけるエネルギー消費量は現時点ではかなり少ない。しかしこれらの国々においても今後消費量が急速に増加することは確実である。

図5　世界各国の住宅におけるエネルギー消費の比較（GJ/世帯・年）[6]

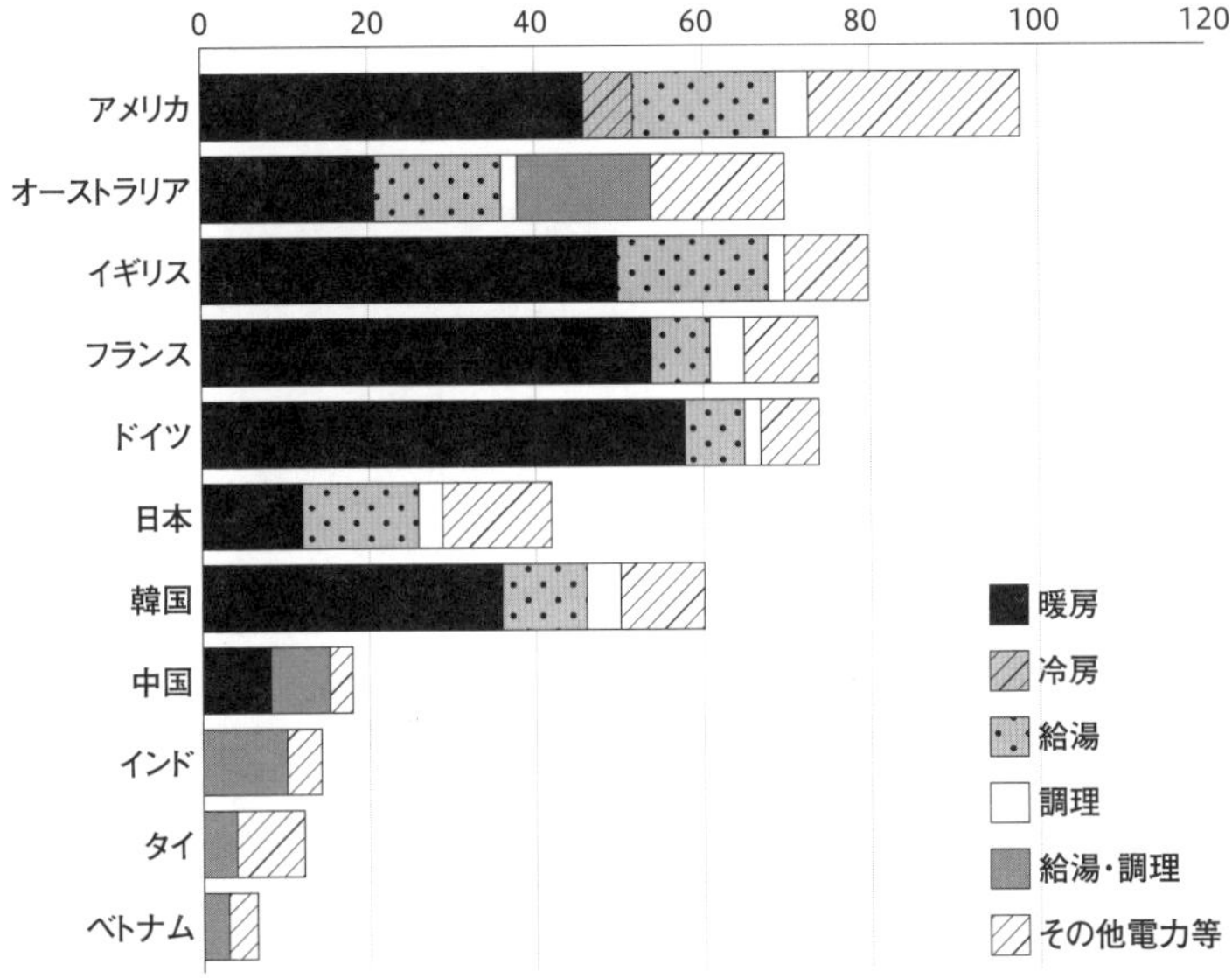

図5の消費内訳に着目すると日本の住宅における暖房用エネルギーが少ないことが特徴的である。欧米や韓国の1／3～1／4に過ぎない。建物の断熱性能が高いのが理由で暖房用エネルギー消費が少ないのであれば、高く評価されるべきことである。しかし日本のストック住宅の断熱水準は決して高いとはいえない。現行の断熱基準（平成11年基準、いわゆる次世代基準）のストック住宅における適合率は2011年時点で5～6%程度であると推定される。このことは日本の住宅の冬季の屋内環境が低水準であることを示唆しており、エネルギー消費量が少ないことを単純に賞賛することはできない。ある

図6　暖房用エネルギー消費と冬季平均気温の国際比較[6]

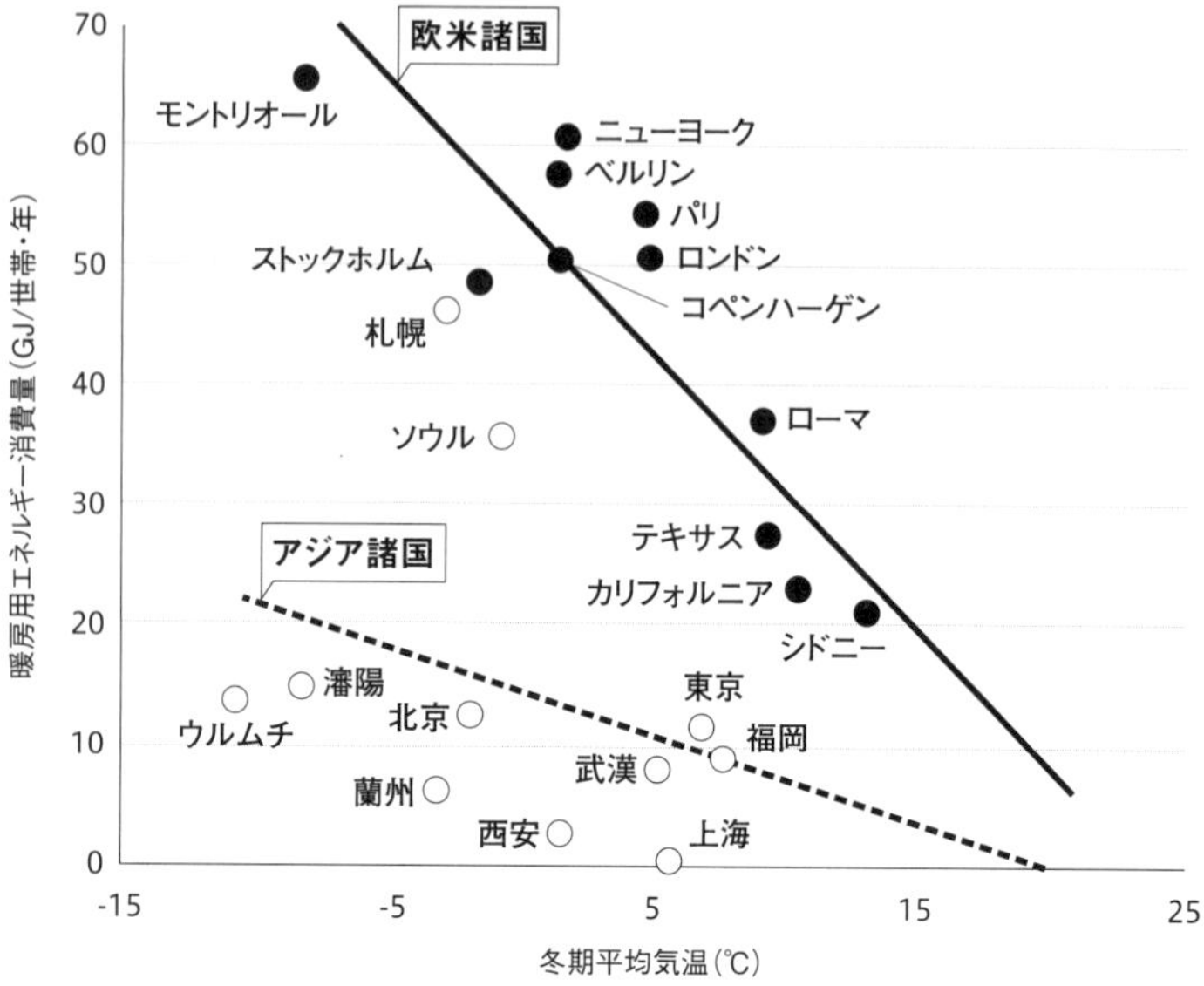

意味で居住環境計画の盲点になりかねない。

世界の各都市の住宅における暖房用エネルギー消費量と冬季外気温の関係を図6に示す[6]。欧米諸国の都市グループとアジア諸国の都市グループで、顕著な差が見られる。アジアの都市の中では、札幌とソウル（韓国）が欧米並みの消費水準に近い。気候の影響を組み込んだ本図に基づけば、「日本やアジアの都市では気候が温暖であるのでエネルギー消費量が少ない」という解釈が正しくないことが直ちに理解される。図6から示唆されることは、日本を含め今後アジアの国々の住宅における暖房水準が欧米に近くなれば、これらの国々の住宅におけるエネルギー消費量が大幅に増加するということである。実際韓国では、過去20年間に暖房用エネルギー消費量は大幅に増加してきた。現在暖房用消費量が少ない国々もこのような事態に備え早めに対応策を考えておくことが必要である。

2・3 日本の住宅のエネルギー消費と省エネのあり方

住宅におけるエネルギー消費の地域比較

日本の各地域の住宅におけるエネルギー消費量の比較を図7に示す[7]。図7-1に示すように、北海道の戸建て住宅が際立って大きな消費量を示すことが特徴的である。続いて東北地方の戸建て住宅が高い消費量を示す。関東以西の地域の間には差はほとんど認められない。

図7-2に示す集合住宅のエネルギー消費量は、図7-1に示す戸建ての半分近くで、地域間の差も小さくなる。集合住宅では特に暖房需要が少ない。したがって暖房にかかわる省エネという点のみに着目すれば、集合住宅は戸建て住宅にくらべエネルギー利用効率の面ではるかに優れている。国を挙げて省エネを推進する現在、改めて検討に値する課題である。ただし次章の断熱と健康の節でも述べるように、住宅の総合的性能は暖房時の省エネのみで決定されるものではない。住宅の評価は、暖房を含む各種の性能、住宅生産・供給システム、雇用を含む地域政策、経済政策等も含めた幅広い視点から論ぜられるべきものである。

図7　日本の各地域における住宅のエネルギー消費量の比較[7]

図7-1　戸建て住宅の場合

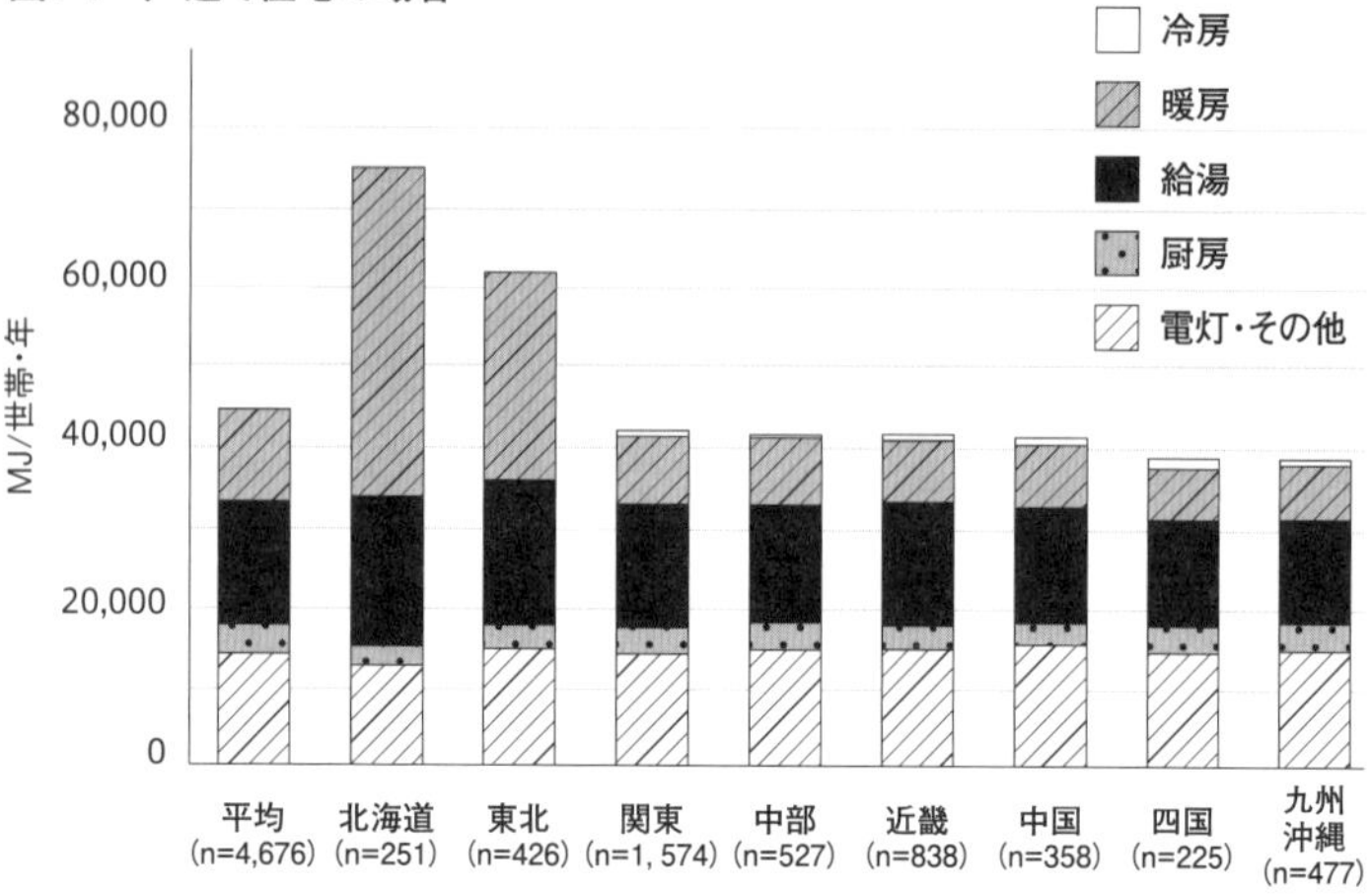

図7-2　集合住宅の場合

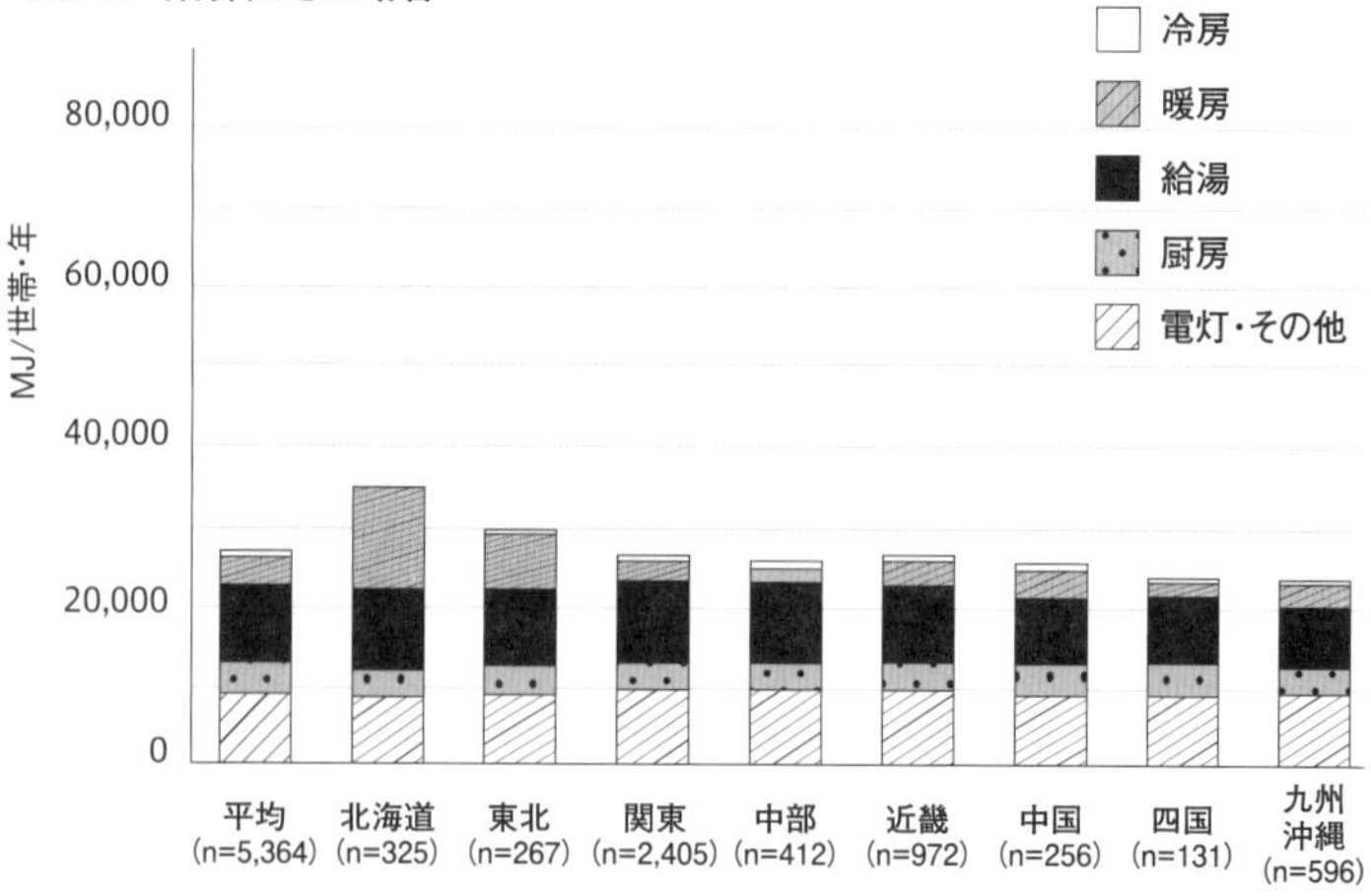

図８　住宅におけるエネルギー消費の内訳[8]

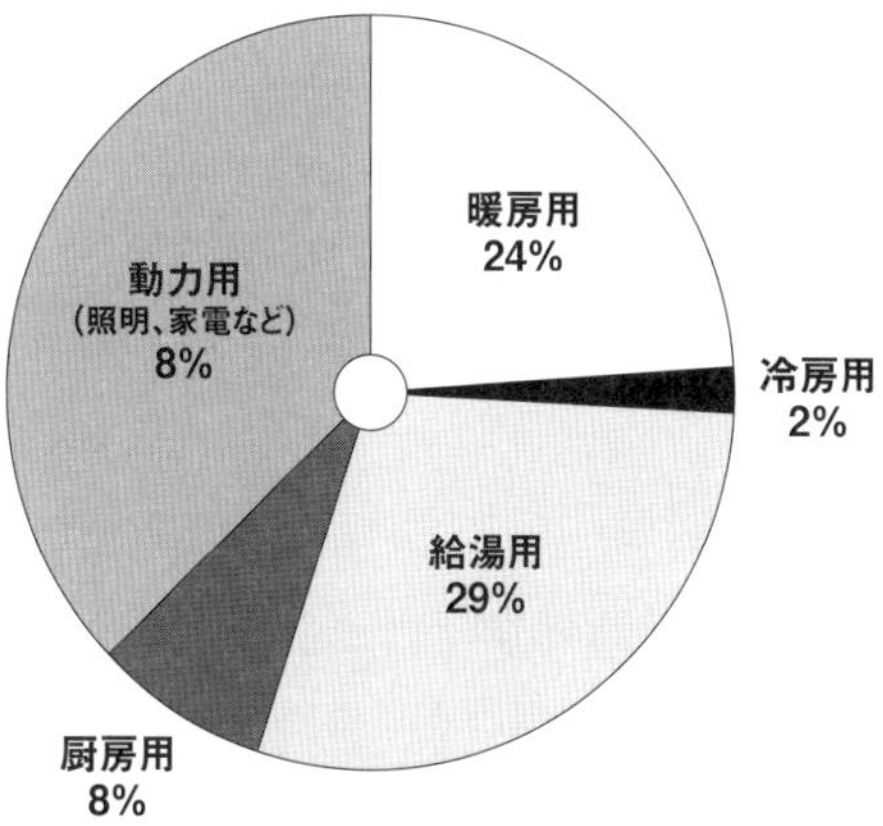

住宅におけるエネルギー消費の内訳

図８に日本の住宅におけるエネルギー消費の内訳を示す[8]。暖房用消費は全体の25％に満たない。この傾向は、図５に示す欧米諸国の住宅で暖房需要が５割を超えているのにくらべ、特徴的に少ないといえる。韓国にくらべてもはるかに少ない。北海道を除く日本の住宅で暖房用エネルギー消費が少ないことについては様々な考察がなされてきた。代表的な理由が、欧米の全館暖房・連続暖房に比べ、日本では部分暖房・間歇暖房という質実なライフスタイルが伝統的に好まれ広く普及しているということである。このようなスリムなライフスタイルは高く評価されるものであるが、同時に冬季暖房時の屋内環境の水準が低いことにも配慮しなければならない。１９７０年代以降の経済成長で日本の家庭の可処分所得が増加した後も、暖房用エネルギー消費の目立った増加は認められない。増加が顕著なのは給湯需要と動力需要（照明や家電機器など）である。したがってこの分野における対策の必要性は高い。

断熱のあり方

暖房用エネルギー消費が少ない場合、断熱向上に伴う光熱費削減の便益は少ないので、断熱向上のための工事費増加の負担について住民の合意を得るのは容易ではない。暖房用エネルギー消費の多い欧米各国で住宅断熱の水準が規制等により確保されているのに対し、日本の断熱行政が規制でなく推奨により進められてきたのは主としてこのような事情に基づく。留意すべきことは、断熱水準の低い日本の住宅において暖房用エネルギー消費が少ないことは屋内環境水準が低レベルであることを意味しており、これは健康、快適などの面から見れば決して望ましいことではない。断熱と健康の問題については第2章で述べる。

断熱強化がもたらす省エネ効果は主として暖房需要に限られる。繰り返すが、日本では暖房用消費が少ないので、断熱を強化しても住宅全体としての省エネの効果は上がりにくい。日本で消費が多い費目は給湯需要と照明・家電機器などの電力関連の需要であるので、省エネ対策はこれらも含んだものでなくてはならない。しばしば、「断熱を強化すれば住宅のエネルギー消費量はすぐに半分くらいに減少する」というような指摘がなされるが、日本の一般的な住宅ではこの見解は正しくない。日本の省エネ政策はこの点を踏まえ、建物本体と設備・機器を総合的に考慮したものでなくてはならず、国の施策も、シェルター性能と設備性能を統合化した、いわゆる〝設備込み基準〟の方向に向かっている。

図９　大震災後のエネルギー供給が途絶えた時の室温低下の調査[9]

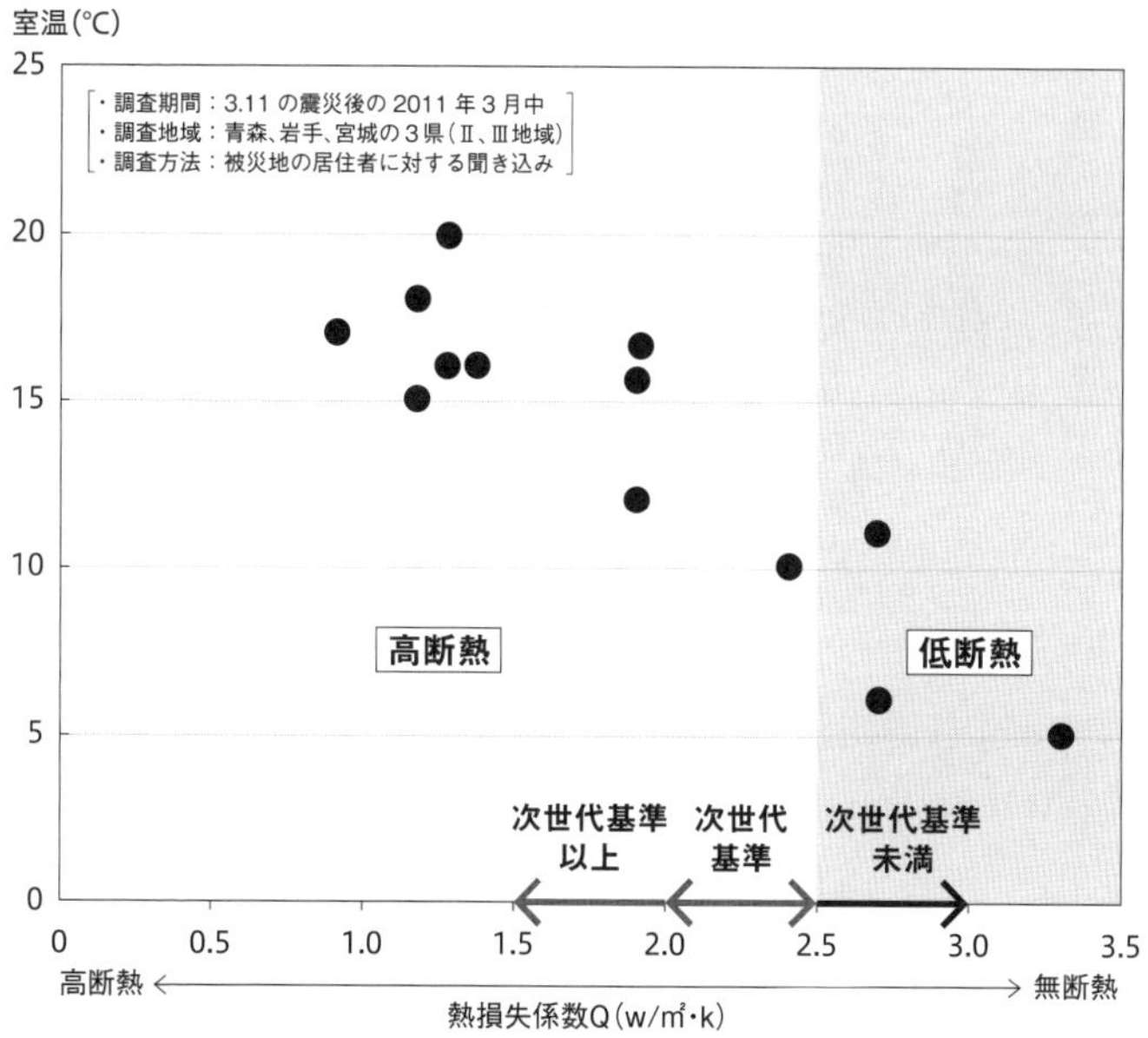

- 断熱性能が優れた住宅では、室温低下が小さい
- 日本のストック住宅で次世代基準を満たすものは10%未満

シェルター性能と自然温度

しかしながら、断熱向上がもたらす省エネ効果が限定的であるにしても、断熱水準が低レベルのままでいいということを意味するものでは決してない。なぜなら断熱・気密性能を向上させればシェルターとしての基本性能が向上し、暖房時、非暖房時を問わず屋内温度が上昇して、快適、健康など省エネとは別の側面で大きな便益をもたらすからである。３・11の東日本大震災の直後、エネルギー供給が途絶えた被災地の住宅で調査された室内の自然温度を図９に

示す[9]。室温は被災地の居住者がそれまでの生活経験に照らして推測したもので測定値のような信頼性はないが、断熱水準と非暖房時の自然室温の大まかな関係を知ることは可能である。同図が示すように、断熱水準の高い住宅では暖房が途絶えた状態でも15℃前後の室温が確保されているのに対し、断熱性能の低い住宅の室温は低体温症の危険が指摘される5℃前後まで低下している。実際、被災者に対するアンケートでも、非常時の生活環境の確保という面で高断熱住宅のこの結果は高く評価されている。日本では連続暖房でなく間歇暖房が一般的であるので、このような非暖房時の保温性能はシェルターとしての住宅の基本性能として大変重要である。断熱は災害時だけでなく平常時においても冬季の生活において基本的なサービスを提供する。

3　21世紀は都市の時代

3・1　急増する巨大都市

前節では、生活基盤としての住宅の環境／エネルギー問題について解説した。本節では、都市問題の現状について報告し、本書の主題である「未来都市」構想の背景を示す。

図10　世界の都市人口と農村人口[10]

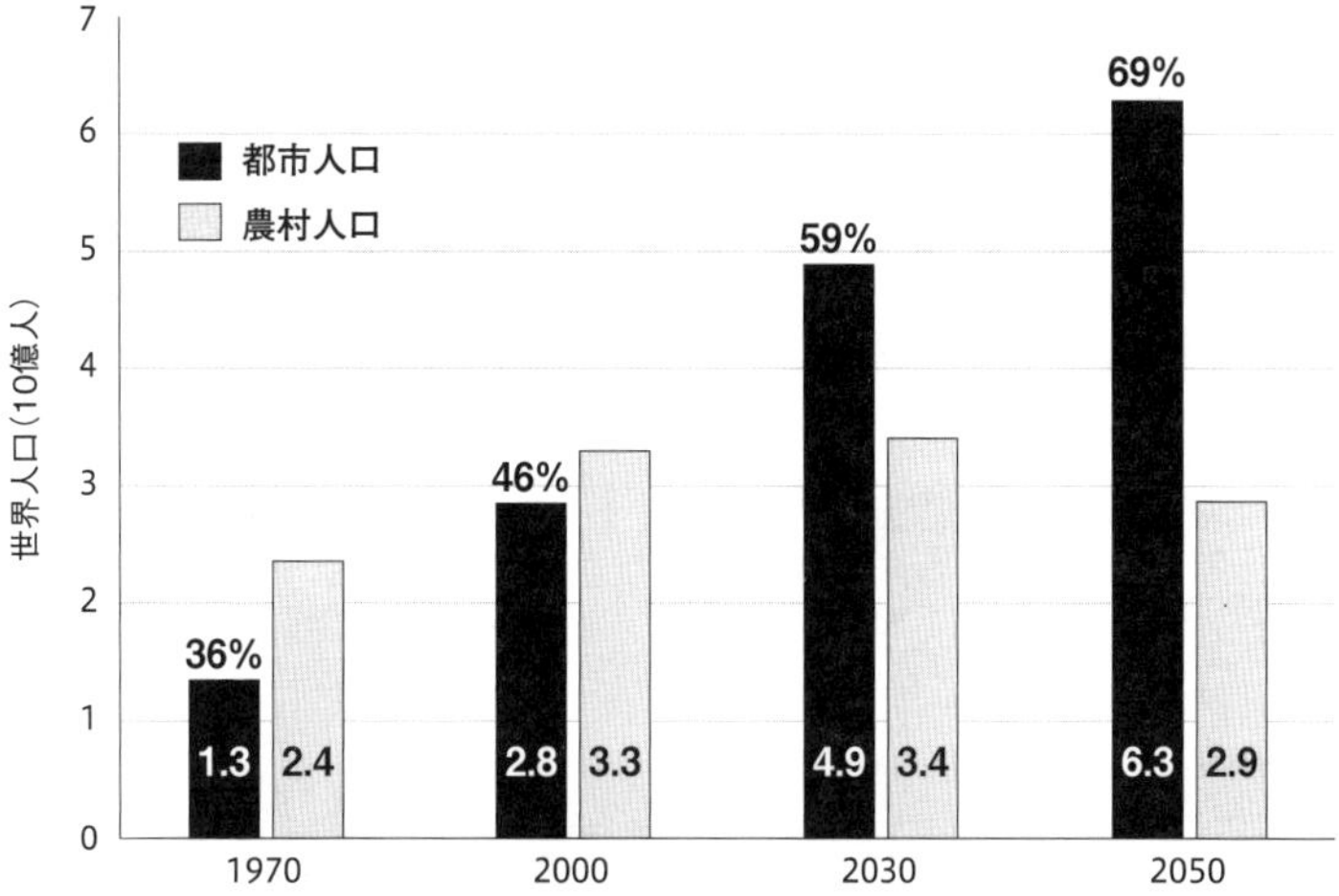

図11　都市人口における先進国と発展途上／新興国の比較[10]

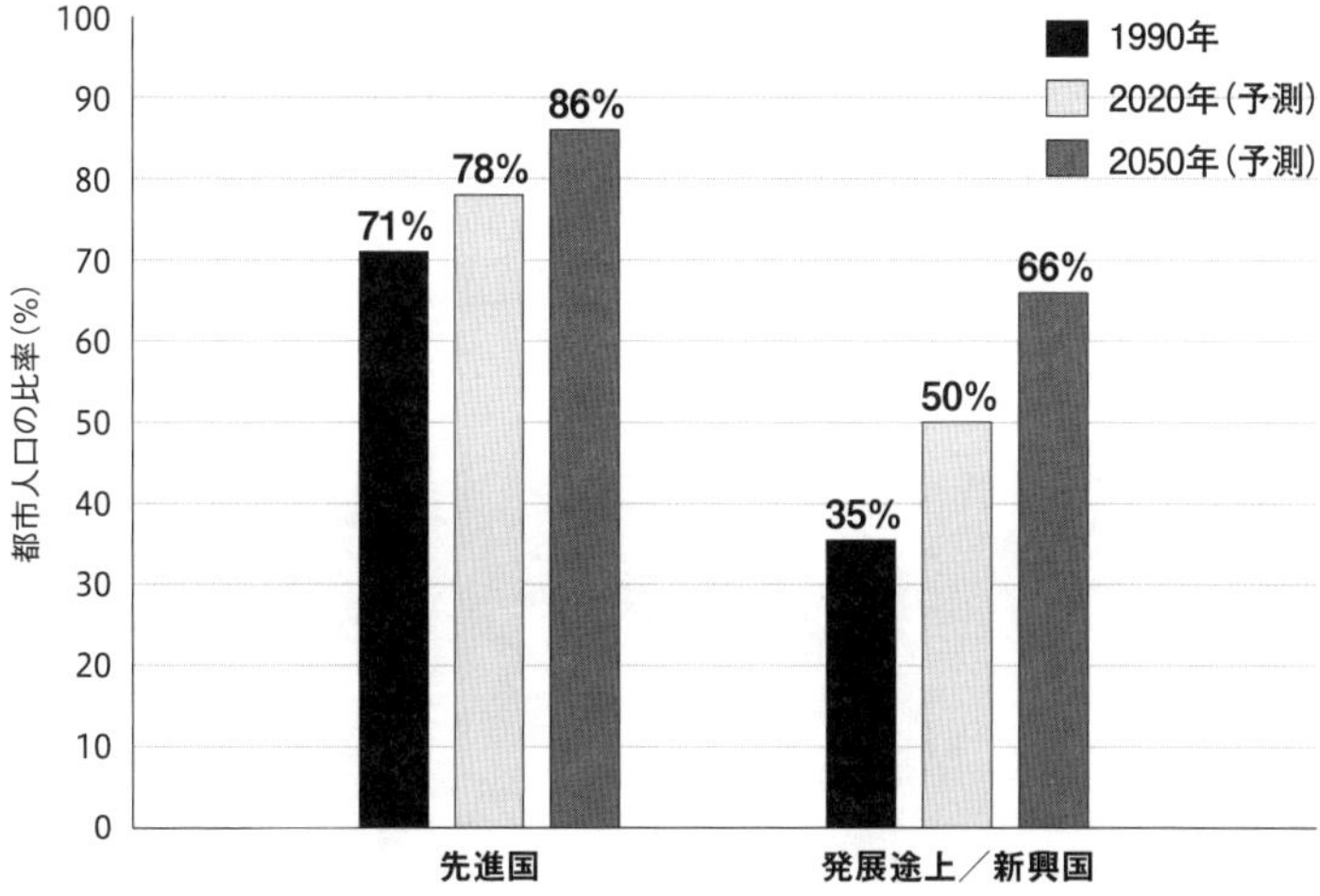

図12　急増する巨大都市[10]

1975年時点

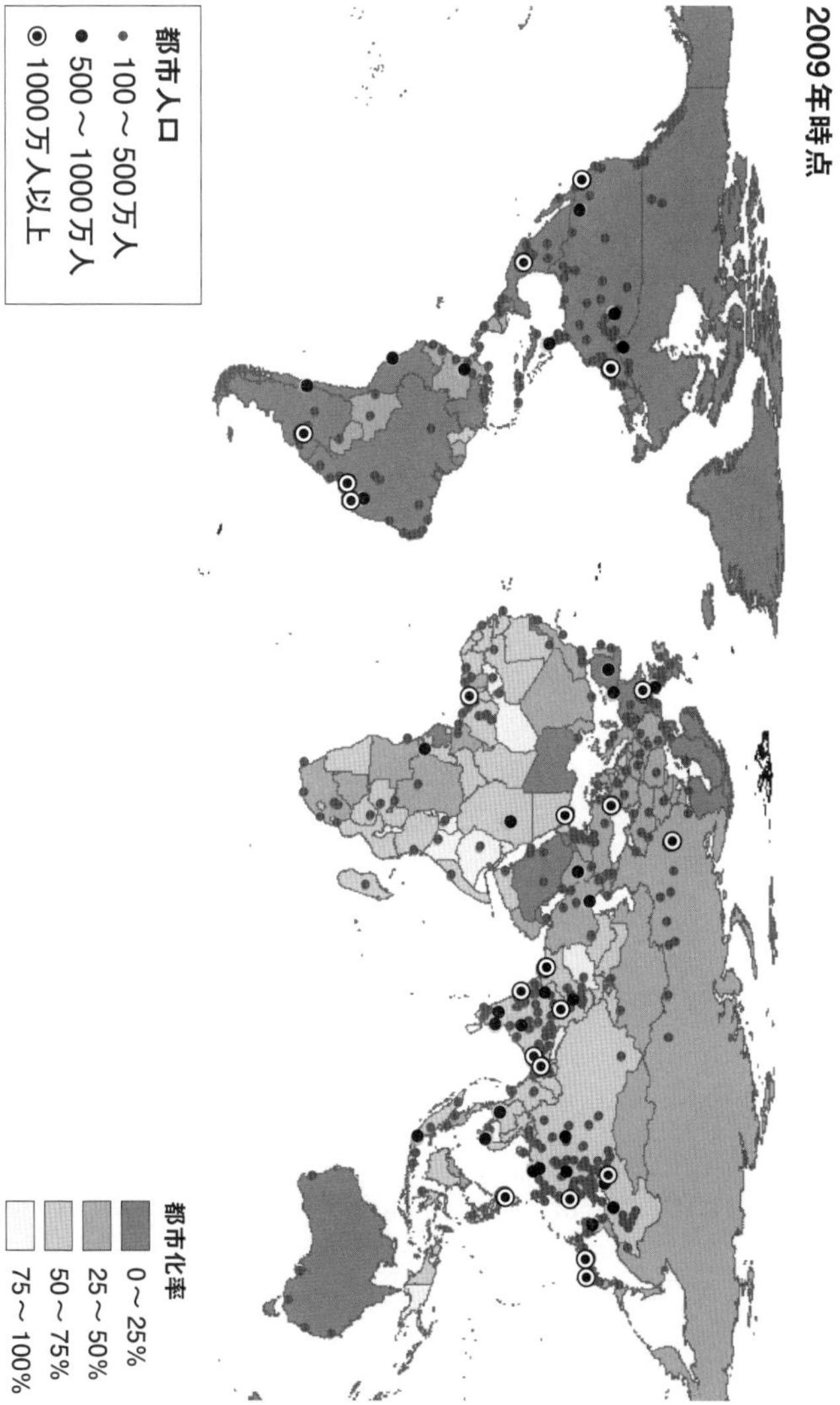
2009年時点
都市人口
・100～500万人
●500～1000万人
◎1000万人以上
都市化率
0～25%
25～50%
50～75%
75～100%

2025年時点

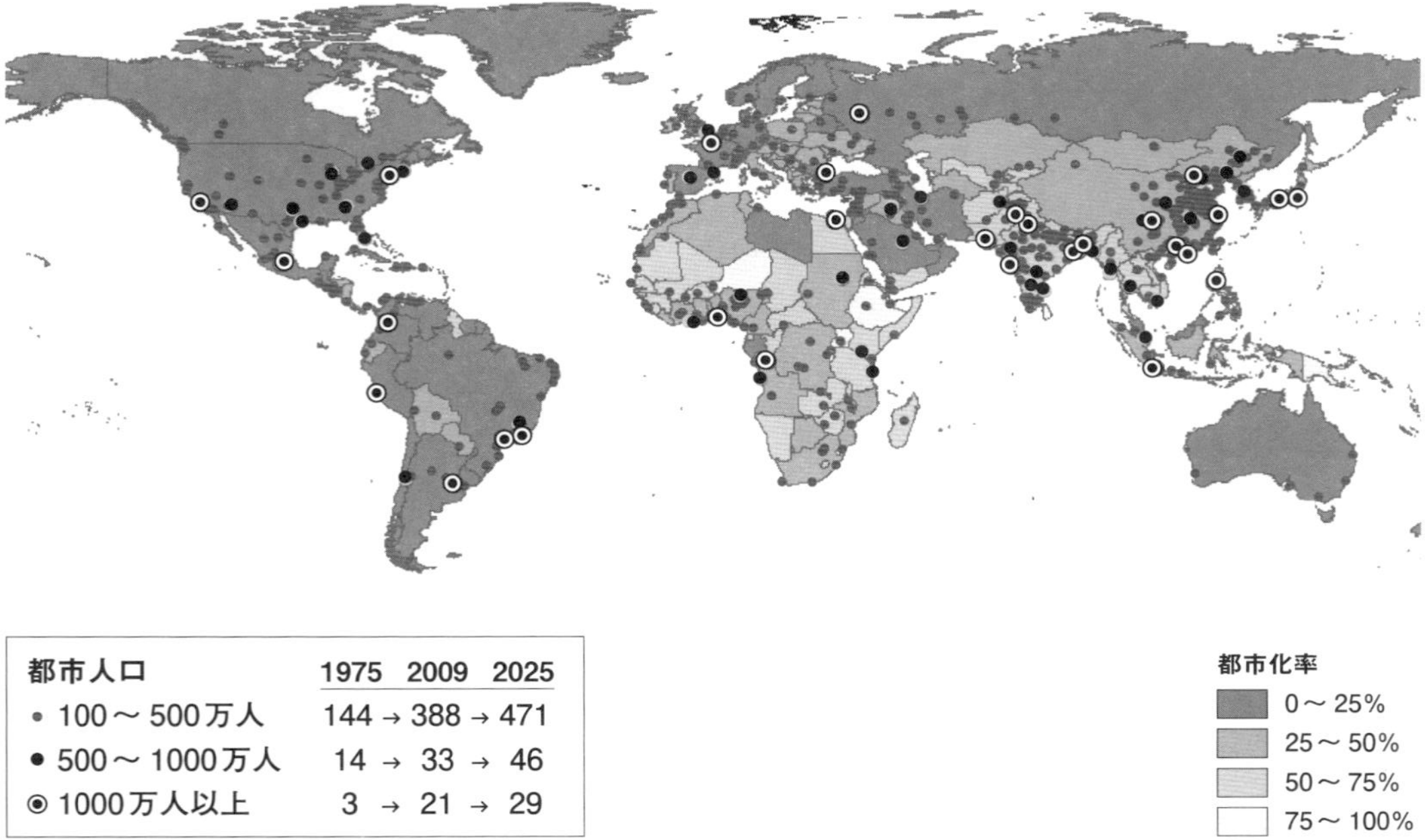
都市人口
1975 2009 2025
100～500万人 144 → 388 → 471
500～1000万人 14 → 33 → 46
1000万人以上 3 → 21 → 29
都市化率
0～25%
25～50%
50～75%
75～100%

20世紀後半から人口増加が顕著であるが、都市人口の増加は特に著しい。図10に世界の都市人口の増加を示す[10]。世界の都市人口の割合は、１９７０年には36％であったが、２０５０年には70％の人が都市に住むことになる。図11に、都市人口の増加に関する先進国と発展途上／新興国の比較を示す[10]。先進国の都市化は既に十分進行しており、今後の都市人口の増加は、主として発展途上国で発生する。発展途上国の既存の大都市では環境悪化が問題になっている事例が多く、今後の都市人口増加によってそれが一層進展することが懸念される。未来都市の構想が求められるゆえんである。

図12には、人口①１００万〜５００万、②５００万〜１０００万、③１０００万以上の大都市について、その増加を示す[10]。人口１０００万を超えるいわゆるメガシティの数は、１９７５年時点では、わずか３都市であったが、２００９年時点では21都市に増加している。まさに21世紀は都市の時代である。

3・2　都市で消費されるエネルギー、都市から排出されるCO_2

都市人口の増加とともに、都市で消費されるエネルギーも増加してきた。この状況を図13に示す[11]。全体の約70％が都市で消費されることになる。これは都市における面積当たりのエネルギー消費、すなわちエネルギー消費密度が極めて高いことを意味する。この意味で都市スケール

図13　世界のエネルギー消費占める都市の割合[11]

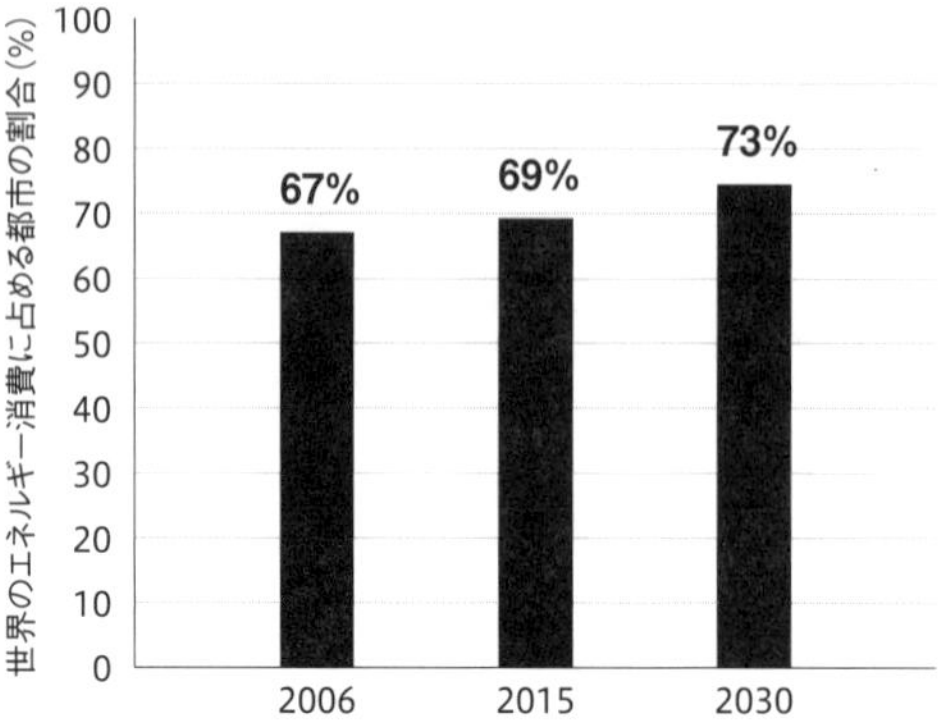

図14　世界の都市のCO_2排出量[12]

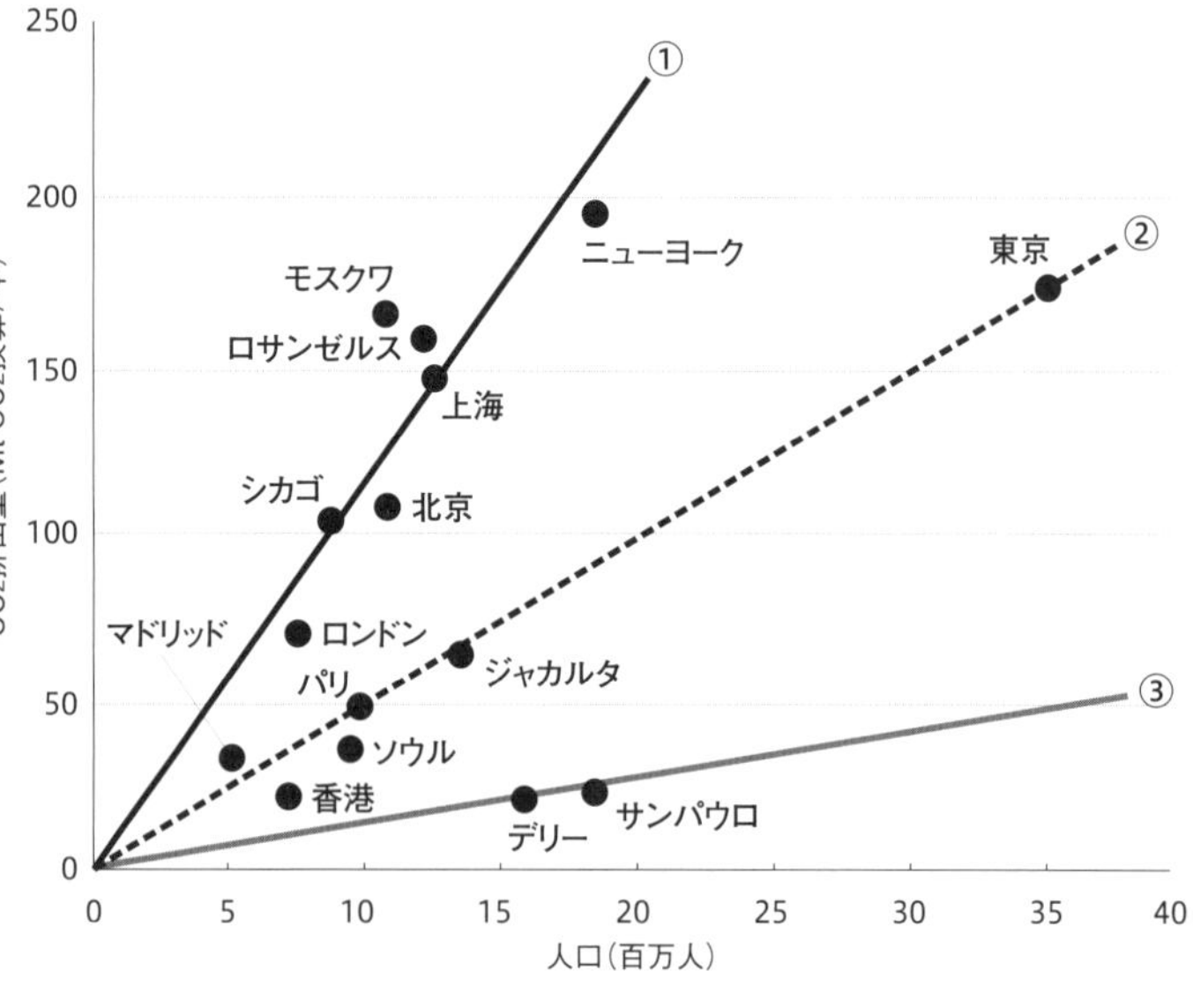

の省エネには効率的な側面が多く、また都市は今後世界で推進すべき省エネの最も主要なターゲットであるといえる。

世界の大都市から排出されるCO_2量を図14に示す[12]。斜めの線で示す勾配が一人当たりのCO_2発生量を示す。図中に示す３本の線から、①先進国の一般的大都市、②同じく先進国の低炭素型大都市、③発展途上国の大都市などの分類ができそうである。東京はパリ、ソウルと並び先進国の大都市では最も低炭素型である。東京の経済活動の高さを考慮すれば、東京の低炭素化効率は大変高いと評価される。パリで一人当たりCO_2排出量が少ないのは原子力エネルギーへの依存度が高いことが影響しているものと推測される。

環境モデル都市におけるCO_2排出量

図15には、第４章で解説する「環境モデル都市」に選ばれた13自治体について、産業、民生、運輸の３部門ごとのCO_2排出量の比較を示す[13]。

図15-1の産業部門の比較において、当然のことであるが北九州市、豊田市、堺市の工業系都市の排出量はその他の都市に比べ圧倒的に大きい。CO_2排出量を都市間で比較する際には、背景としての経済活動、産業構造にも留意しなければ正しい理解は得られない。

図15-2の民生部門については、千代田区と帯広市、下川町の北海道の自治体の排出量が大きい。千代田区はオフィスビルの集中度が高いビジネスセンターであること、帯広市と下川町は寒冷地

図15　環境モデル都市におけるCO_2発生量[13]

図15-1　産業部門について

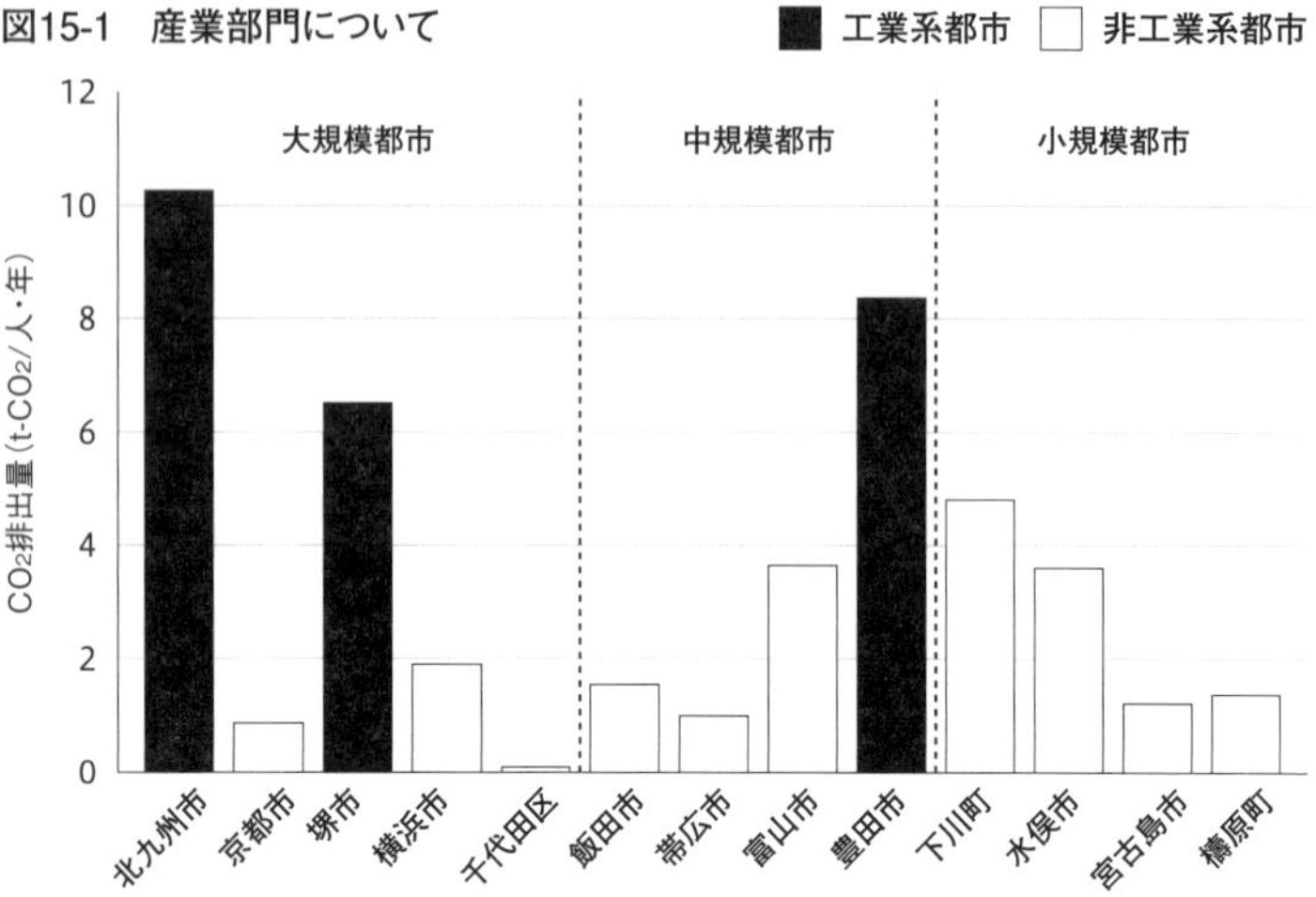

図15-2　民生部門について

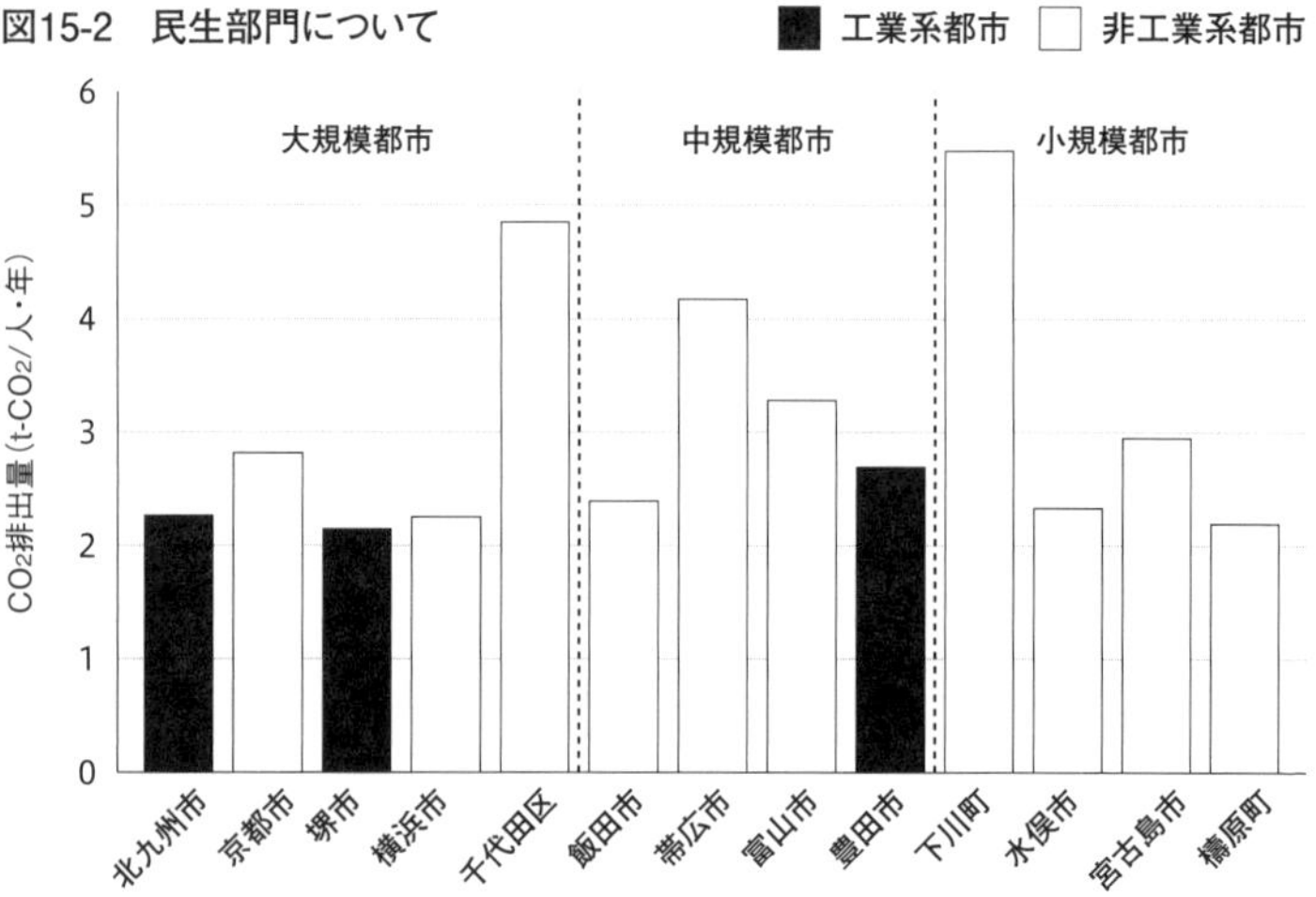

図15-3　運輸部門について

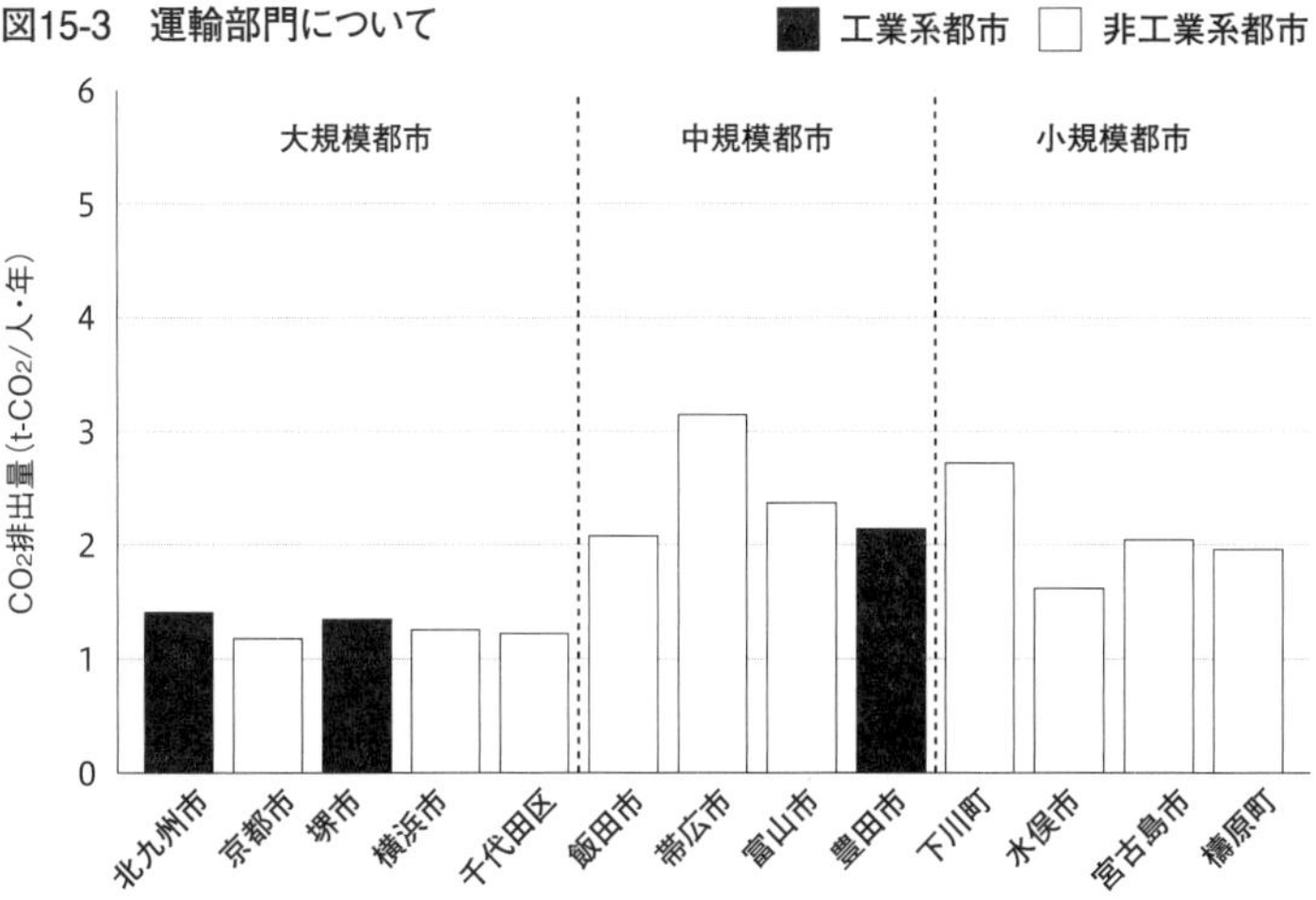

で暖房需要が大きいことが原因であると推測される。

図15‐3の運輸部門においては、大都市グループのCO_2排出量が、中規模、小規模都市にくらべ少ない。これは、大都市で公共交通が整備されていることが大きな原因であると推測される。マイカー需要の多い地方都市において、コンパクト化の必要性が説かれるゆえんである。

以上のように、都市から排出されるCO_2量、都市で消費されるエネルギー量について比較・分析する場合、都市の基盤を構成する社会・経済システムに着目することは必須の視点である。第３章で考察する未来都市構想におけるスマート化、スリム化の方策や第４章で紹介する「環境未来都市」の構想において、この

図16　世界各国の高齢化率[14]

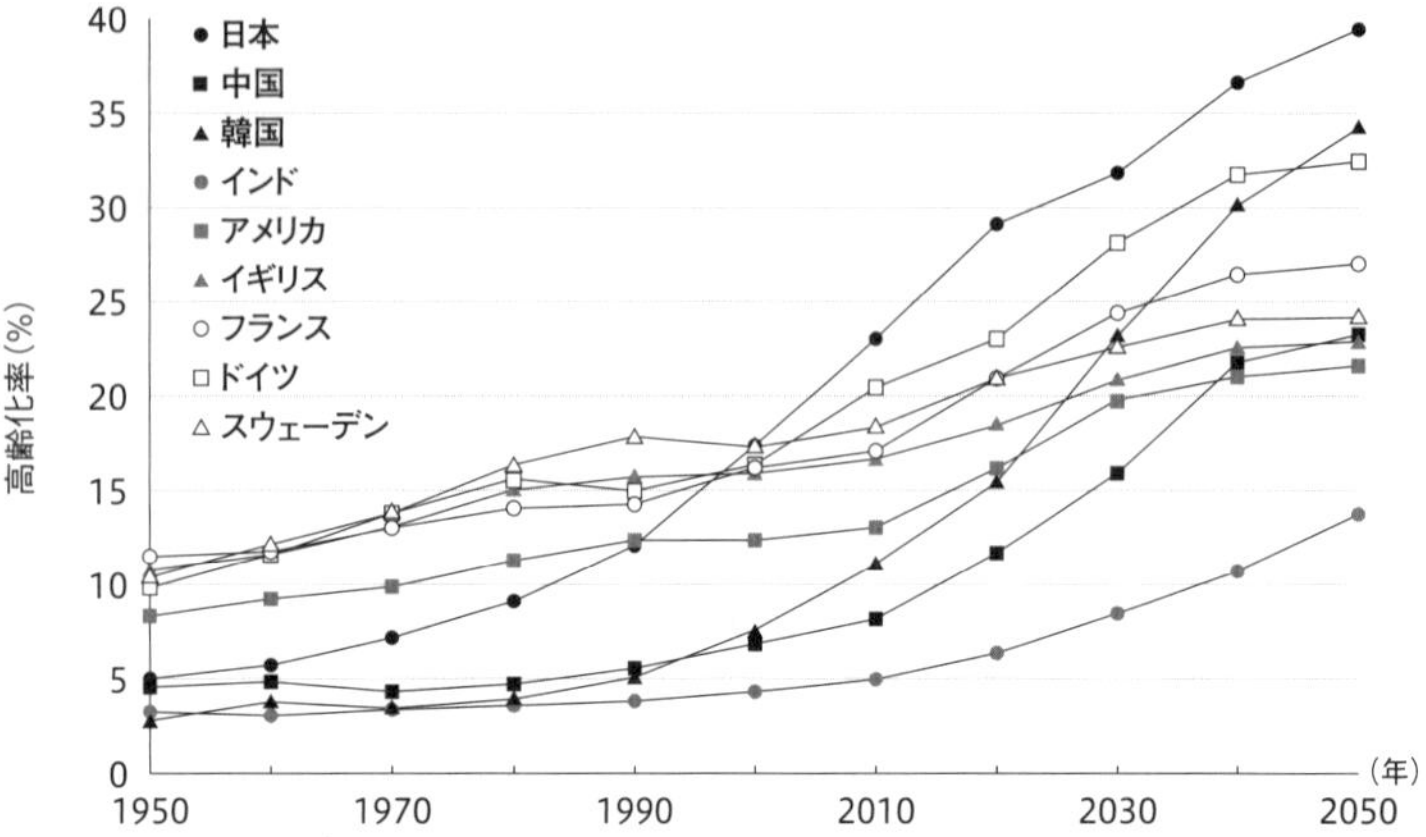

視点は十分に配慮されている。

3・3　都市をエンジンとする社会・経済の活性化

日本社会が抱える課題

次章以降で述べるスマート化とスリム化による未来都市構想の前提として、世界の住宅や都市の過去、現在、未来の概況を紹介した。

わが国は、科学技術、健康・長寿、治安・防災など多くの面で他の国々に対する比較優位を有している。一方、少子高齢化、地方／地域の活力低下など比較劣位ともいうべき解決すべき様々の問題点を抱えており、社会、経済等の面での停滞と閉塞が懸念されている。劣化した社会・経済システムを再生させるため、比較優位の一層の強化と比較劣位解消の視点から新たなチャレンジが求められている。本書の主題である未来都市構想はこの課題へのチャレンジを、都市再生の面から目指したものである。

わが国が抱える様々な課題の中でも、高齢化問題は特に深刻である。高齢化は先進国や中国などの新興国を含め、世界の多くの国において重要な政策課題となりつつある。図16に世界各国の高齢化率を示す[14]。日本の高齢化率は世界各国の中で突出しており、この問題への対応の緊急性は高い。都市のコンパクト化による生活弱者の救済など、高齢化と都市政策には関連する部分が多い。課題先進国としての日本が、都市政策、環境政策、社会政策などと連携してこの問題への対応策を提示し、解決策を世界に向けて発信することが期待されている。

世界の動向

海外の多くの国では、〝都市〟を軸として、環境問題への対応、スマート化に代表されるエネルギー・情報分野でのイノベーション、それらに基づく新しいコンセプトの社会・経済開発等の動きが急速に進展中である。都市を軸とするのは、〝魅力的な都市〟こそがこれからの国の発展のエンジンになるという世界共通の認識があるからである。経済団体の試算によれば、現在の世界のＧＤＰの80％は都市で生産され、さらに都市に対する投資規模は今後20年間で総計30～40兆ドルに及ぶと予測されている。

元気な日本復活に向けて

日本が抱える超高齢化、医療財政の悪化、原発問題などをはじめとする多くの課題は、世界各国と共有、あるいは世界に先んじて日本が直面している難問である。〝課題先進国〟としての日本が率先してこれらの解決に当たり、その成果を世界に発信することの意義は大きい。上記のような世界の状況に鑑みれば、我が国でも〝魅力的な都市／地域の建設〟を目標の中核に据え、新成長に向けて新たなコンセプトに基づく社会実践を行い、地域活性化や社会経済システムのイノベーションの実現を目指すことは時宜を得たチャレンジといえる。それこそが本書の主題である「未来都市」構想の狙いである。第4章で紹介する「環境モデル都市」、「環境未来都市」などの政府主導のプログラムもこのような意図を反映したものである。

東日本大震災で大きな被害を受けた多くの都市／地域の復興は緊急性の高い政策課題であるが、本書に示すスマート化とスリム化による未来都市構想は、多くの面で復興計画の立案に有効なものであると考える。

[1] 村上周三他（２００７）『ＣＡＳＢＥＥすまい[戸建]入門』建築技術

[2] シュミット・ブレーク著、佐々木健訳（１９９７）『ファクター10』シュプリンガー・フェアラーク東京

[3] エルンスト・ワイツゼッカー他著、佐々木健訳（１９９８）『ファクター４』省エネルギーセンター

[4] 村上周三（２００８）『ヴァナキュラー建築の居住環境性能』慶應義塾大学出版会

[5] 国立環境研究所温室効果ガスインベントリオフィス『日本の温室効果ガス排出量データ（１９９０～２０１０年度速報値）（http://www-gio.nies.go.jp/aboutghg/nir/nir-j.html）』に基づく

[6] 住環境計画研究所（２００９）『家庭用エネルギーハンドブック２００９年版』に基づく

[7] 長谷川善明、井上隆（２００４）『全国規模アンケートによる住宅内エネルギー消費の実態に関する研究』日本建築学会環境系論文集、No.583, 2004.9より作成

[8] 日本エネルギー経済研究所（２０１１）『ＥＤＭＣエネルギー・経済統計要覧２０１１』

[9] 南雄三（２０１１）『ライフラインが断たれた時の暖房と室温低下の実態調査』（財）建築環境・省エネルギー機構、ＣＡＳＢＥＥ健康チェックリスト委員会資料

[10] United Nations（2010）『World Urbanization Prospects The 2009 Revision』より作成

[11] IEA（International Energy Agency）（2008）『World Energy Outlook 2008』より作成

[12] The World Bank（2010）『CITIES AND CLIMATE CHANGE: AN URGENT AGENDA』より作成

[13] 内閣官房地域活性化統合事務局（２００９）『環境モデル都市のアクションプランの公表について（http://ecomodelproject.go.jp/doc/D12）』より作成

[14] United Nations（2010）『World Urbanization Prospects The 2008 Revision』より作成

第2章

持続可能文明に向けた価値観の転換

持続可能な文明の構築に向けて、21世紀に生きる我々には20世紀の大量消費型文明のパラダイムの見直しが求められている。そのためには、地球環境の持続可能性を確保するための環境負荷L（Load）の削減と、人類が人間的生活を営むことのできる環境品質Q（Quality）の確保が必要である。本書ではこれを実現する方策としてスマート化とスリム化を提案している。スマート化&スリム化を、物質信奉からの脱却という意味でシンプルに「脱物質化」（De-materialization）と呼ぶこともある。

序章で述べたように、環境負荷を削減することは可能であるが、これを過剰に追求すると環境品質の低下をもたらす。一方、環境品質の向上を図ることは可能であるが、環境負荷を増加させずにこれを達成することは容易ではない。このトレードオフを克服するためには、特に環境品質に関して新たなパラダイムの導入が求められる。物質信奉の価値観の下で尊重された環境品質とは異なる、新しい定義に基づく環境品質の考え方を導入しなければならない。例えば、経済規模を示すＧＤＰに代わる新たな豊かさの指標として、国連により人間開発指数（HDI：Human Development Index）[1]が提案されている。しかし人間開発指数には価値観転換の姿勢は認められるが、大量消費型文明の見直しや環境負荷削減等の理念が盛り込まれているわけではなく、ここで必要としている新しい定義の環境品質の考え方として十分とはいえない。

省エネも省CO_2も環境負荷削減運動である。しかしその効果が十分でないことは周知の通りである。３・11後に顕在化した超省エネの要請に対して、従来型の省エネを続けることは当然のこととして、新たなパラダイムに基づく一層の省エネの取り組みが求められている。スマート化

&スリム化は、この要請に応え、同時に環境品質の向上も図るためにカギとなる技術や思想であると位置づけられる。

本章では、まず先進国／発展途上国における、環境負荷としてのエコロジカル・フットプリントと環境品質としての人間開発指数に着目して、環境負荷の削減と環境品質の向上の必要性を示す。次に大量消費型文明の見直しに向けたスマート化とスリム化のあり方や価値観転換の必要性について解説する。最後に価値観転換の具体的事例を紹介する。価値観転換の具体的事例はスリム化の〝見える化〟であり、スリム化を〝見える化〟して共有することは本書の主題のひとつである。

1　人類と地球の持続可能性

1.1　低炭素化の制約下での「ＱＯＬ」の向上

低炭素化は21世紀の人類に課せられた大きな課題である。我々はこの課題の解決に向けて全力を尽くすことを求められている。しかし地球環境計画の最終目標は、持続可能な地球の下で人類が豊かな生活を送ることができる水準のＱＯＬ（Quality Of Life）を確保することである。我々は、課せられた低炭素化という制約の下で、「ＱＯＬ」の向上についても同時に努力しなければならない。

すなわち低炭素化という要請は、必要条件であっても十分条件ではない。低炭素化と同時に、持続可能な条件の下でのＱＯＬの向上が達成されてはじめて十分となる。

環境問題を考えるときには、①環境負荷Ｌの削減という側面と②環境品質Ｑの向上という、二元的な２つの側面について考慮することが有効である。多くの環境要素はこの２つに分類される。Ｌの削減とＱの向上は場合によってはトレードオフの関係になり得る。ほとんどすべての環境問題の解決は、このトレードオフの克服という側面を持っている。このトレードオフの克服を、「スリム化」による価値観の転換により達成しようとする試みが本書の主題の一つである。

Ｌを削減しながらＱを向上させる考え方は、筆者が長くその開発に携わっている建物や都市の環境性能評価ツール「ＣＡＳＢＥＥ」の根幹となっている。「ＣＡＳＢＥＥ」では環境効率をＱ／Ｌで評価する。環境効率Ｑ／Ｌはこの本の主題の一つである「スリム化」の理念にそのまま通じるものである。

原発事故により、民生部門には環境負荷削減に関して従来より厳しい制約条件が課せられることになった。これから日本の文化、社会、経済がどういう方向に向かうにしても、建築・都市に対する超省エネという要請は避けることのできない前提となる。一方で、日本に限らず世界の国々は省エネを進めながらもＱＯＬを向上させることが必要である。これは特に発展途上国で重要であるが、先進国にあっても低所得者を含めさまざまな面で生活水準の向上というのは依然として重要な課題である。

豊かさの向上に際して必要となるのが、「豊かさのパラダイムシフト」である。20世紀の大量生産・大量消費型の文明が提供したものとは異なる、サステナブル時代の「新しいかたちの豊かさ」＝「新しいかたちのQ」の追求が必要になってくる。なぜなら、20世紀の大量消費型文明のパラダイムの下での豊かさを地球全体で達成しようとすれば、すでに深刻化している地球環境問題が明らかにしているように地球環境の持続可能性を確保することは不可能だからである。本章では、価値観の転換という視点を通して新しいかたちのQとは何かについて考察する。

1・2　先進国と発展途上国の持続可能性評価

先進国と発展途上国について、QとLに着目して、地球と人類の持続可能性を検討したものが図1である[1]。縦軸のQは「生活の豊かさ」を表し、ここでは国際連合が提案している「人間開発指数」(Human Development Index)という指標を用いて示している[1]。横軸のLは「環境負荷」を表し、ここでは「エコロジカル・フットプリント」(Ecological Footprint)を指標として用いる[1]。Qはより高い方が、逆にLはより少ない方が好ましい状態を示す。QにもLにもボーダーラインが示され、Qの場合にはボーダーラインより上であれば人類の生活は持続可能の状態、Lの場合

図1　QとLに基づく人類と地球の持続可能性評価[1]

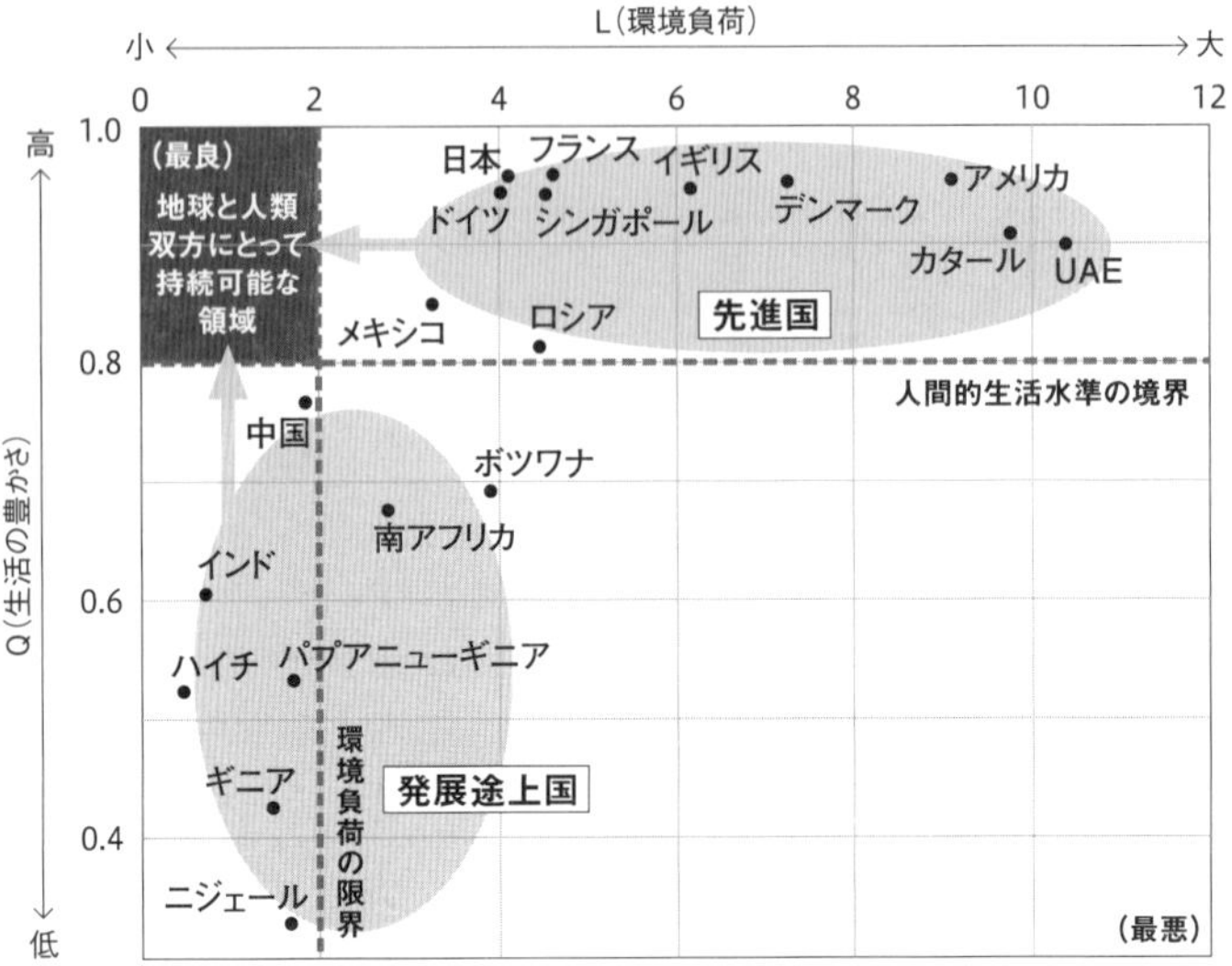

Qの評価尺度：Human Development Index（人間開発指数）
Lの評価尺度：Ecological Footprint（エコロジカル・フットプリント）

にはボーダーラインより左が地球全体にとって持続可能な合格圏を意味する。

　左上の枠に示す黒い部分がQもLも合格の領域、すなわち「地球と人類双方にとって持続可能な状態」を示す。つまり、地球環境に過大な負荷をかけることなく豊かな生活が実現できた状態で、人類にとっても地球にとって望ましい状況である。反対に、最悪なポジションは右下の部分になる。図1の構成は、「CASBEE」の評価シートである第1章の図2、3と全く同じである。第1章の図3における脱物質型住宅の追求と第2章の図1の左上の合格圏の達成は同様のチャレンジといえる。

1・3　先進国の環境負荷Lと環境品質Q

図１上に先進国と発展途上国を位置づけると、両者は明確に２つのグループに分かれる。まず先進国の方に着目すると、環境品質Ｑはすべての国が合格である。しかし、環境負荷Ｌはすべての国で不合格で、しかも合格ラインから大幅に遠ざかっている。

ここに示す事例の中では、Ｌについて一番劣っているのがアメリカ、カタール、ＵＡＥなどの国々である。日本やドイツ等は環境品質が高く、環境負荷も先進国の中では相対的に少なく比較的合格ゾーンに近いポジションを占めている。

周知のように「気候変動に関する政府間パネル」（IPCC：Intergovernmental Panel on Climate Change）の報告を受けたＧ８サミットなどでは、先進国のCO_2排出量を２０５０年に向けて８割削減するという目標が提示されている。これを図１に基づいて単純に表現すれば、現在大幅に不合格な位置を占めている先進国を、無理矢理にでも左に移動させて左隅の枠へ押し込めようということである。当然のことであるがこれは容易なことではなく、少々の省エネで達成できることではない。

先進国がこのような大幅なＬの削減を達成することは、大きな環境負荷Ｌを発生させながら実現されている現在の高い生活水準を含め、環境品質Ｑのあり方を見直すことなしには不可能である。すなわち、前述のようにＱの考え方についてパラダイムシフトが必要だということである。そしてそれは、Ｑに関する新しい価値観の開拓を意味する。

1・4　発展途上国の環境負荷Ｌと環境品質Ｑ

発展途上国に着目してみると、環境負荷Ｌは多くの国が合格ラインを満足するかそれに近い位置を占めている。逆に環境品質Ｑはすべての国で不合格である。この事例で特に気の毒な状態にあるのがギニアやニジェールなどの国である。経済発展が著しい中国のＱはもう少しで合格ラインに達する。

これらの発展途上の国々は、早く発展して先進国のように豊かになりたいと願っており、先進国はそれを支援すべきである。大事なことは発展途上国がどこを目標にして成長モデルを描くかという点である。多くの発展途上国は現在の先進国の位置を目標にした成長モデルを描いている。このモデルの最大の問題は、多大な環境負荷（1人当たり）を発生している現状の先進国が目標にされていることである。

発展途上国には中国やインドをはじめとして、巨大な人口を有する国が多い。もしもこれらの国々が現在の状態の先進国をモデルにして経済発展すれば、地球の環境負荷が耐え切れないほど重くなることは明白である。それは将来地球環境が確実に破綻してしまうことを意味している。

すなわち、地球全体の課題として、発展途上国には、環境負荷の増加を伴わない環境品質の向上を目指してほしいわけである。しかし、先進国が現在の環境負荷が大きい位置を占めたままの状態で発展途上国に対して、「左上を目指すべきです」、すなわち「Ｌを増加させることなくＱを向上させるべきです」と説得しようとしても、それは賛同を得られる論理ではない。先進国はまずお手本を示すべきで、そのためにまずＬの発生を少なくしたＱの達成というモデルを示すことが必要になる。

1・5　日本の役割と新しい価値観

図１によれば日本は合格圏に近い位置にいる。日本が率先して環境負荷を削減し、左上の合格圏に入るモデルを示すことが大切である。そして発展途上国に対して、現在の先進国を目標としてこれに向かうルートは地球の将来にとって致命的に危険であるので、Ｌを増加させずにＱを向上させるルート、すなわち、図１でそのまままっすぐ左上に行くルートの選択を呼びかけ、そのためのモデルを示していくことが求められている。日本が既に達成している産業分野、民生分野、運輸分野における資源・エネルギーの利用効率の高さは、世界に広く認められている。

しかし20世紀の大量生産・大量消費型文明の下で達成されたＱに基づく価値観の下では、どのように努力しても先進国を左隅の「人類や地球にとって持続可能な領域」に誘導するのが容易ではないことは明らかである。この困難を克服するために、これからは発展途上国も含めて、Qに関する新しい価値観を作っていかなければならない。これに関しては、過去において質実ながらもそれなりに豊かな文明を築いていた日本の貢献が特に期待される。

この意味で、先進国の環境負荷削減や低炭素化は非常に緊急性が高い課題である。くり返すが発展途上国が急速に旧来型のモデルのままで経済成長を続ければ、地球や人類の持続可能性が危機に陥ることは明白である。

古来、多くの文明が栄えては滅ぶことを繰り返して来たが、産業革命以前の段階では、たとえ繁栄した文明でも環境負荷Lは現在に比べると格段に少ない状態を維持していた。しかし、18世紀後半にイギリスで産業革命が起きた後、環境品質は向上したが、同時に環境負荷も大幅に増えることになった。これはいわば「パンドラの箱」を開けてしまったようなものであり、現代に生きる我々はある意味でそのツケを払わなければならないという状況に置かれているのである。

2 スマート化とスリム化による価値観の転換

深刻化する地球環境問題に直面している我々は、20世紀の大量生産・大量消費型文明の見直しを迫られている。物質信奉文明の見直しのキーワードがスマート化とスリム化である。

本節では、スマート化／スリム化の必要性と、建築・都市分野における環境負荷削減と環境品質向上に向けた価値観転換を促す技術や思想としてのスマート化とスリム化のあり方について考察する。なお次の第３章では、未来都市構想の観点からスマート化とスリム化について解説する。

２・１ 大量消費型文明の見直しのために求められる価値観の転換

繰り返して述べてきたように、地球環境問題が深刻化する現在、我々に求められているのは破綻した20世紀文明からのパラダイムシフトである。前世紀のパラダイムは大量消費に過剰な価値を置く物質信奉文明で、第２章の図１に示すように、第２次世界大戦以降のアメリカを中心とする先進諸国の文明がその典型といえる。このパラダイムの下でＧＤＰの拡大を追求した結果、物質的豊かさが著しく向上した反面、地球環境の劣化が深刻化して20世紀の大量消費型文明の限界が明らかとなってきたわけである。

では、いかにして物質的に肥大化した20世紀文明から脱却していくのか？　その際のわかりやすいキーワードが物質的価値に過剰な信奉を寄せる立場からの転換を説くスマート化とスリム化である。しかしながら、スマート化／スリム化は、環境負荷の削減を図りつつも人類が人間的生活を営むことのできる環境品質を確保するという制約条件の下で進められなければならない。

環境負荷を削減することは可能であるが、これを過剰に追求すると環境品質の低下を招く。一方、環境品質の向上を図ることは可能であるが、環境負荷を増加させずにこれを達成することは容易ではない。すなわち、環境負荷の削減と環境品質の向上は、従来の物質信奉文明の下ではトレードオフの関係になる。このトレードオフを克服するためには、物質信奉の価値観の下で尊重された環境品質とは異なる、新しい定義に基づく環境品質の考え方を導入することが必要である。例えば1節の図1に示した豊かさの指標としてGDPに代わる人間開発指数（HDI：Human Development Index）の提案はその方向を目指した試みのひとつである。ただし人間開発指数においては、価値観転換の主張は認められるが環境負荷の削減が明確に示されているわけではない。

1節で述べたように、環境品質の考え方の転換なしにこのトレードオフを克服することは困難である。環境品質の考え方の転換のために求められるのが価値観の転換である。そして、これを推進するためのドライビングフォースとなる技術や思想が「スマート化」と「スリム化」である。スマート化、スリム化によって物質的肥大化傾向からの脱却を図る流れの中で、スマートハウス／スマートコミュニティ、スリムビル／スリムシティなどのより具体的な概念が出てくる。

2・2 物質文明の進展に対する反省と価値観転換の方向

産業革命以降の物質文明の急速な進展に対して、物質信奉の価値観を超えようとする運動は、人類の環境史を探れば繰り返し出現する。19世紀のH・D・ソローの自然回帰運動などはその嚆矢となるものである[2]。20世紀中盤から後半、ドイツを中心に盛んとなったバウビオロギー（建築生態学）運動もこの流れに沿うものである[3]。第1章の1・5で解説したいわゆる〝エコ化〟も物質信奉からの転換を説く運動と位置づけることができる。

１９７０年代から80年代にかけて大きな話題になったエイモリー・ロビンスによるソフト・エネルギー・パスは、１９７３年に勃発した第一次石油ショックに触発されて書かれたものである[4]。資本集約度の高い技術に頼るハード・パスから転換し、小規模、単純で多様な技術に基づいて省エネと再生可能エネルギー利用を促進することの重要性を説いている。価値観の転換という意味では本書でいう「スリム化」と共通する。異なる点は前者がもっぱらエネルギー問題に焦点を当てているのに対し、後者がより幅広くエネルギーを含む都市の環境・社会・経済の側面にまで関心を広げている点である。「ソフト・エネルギー・パス」の原著論文が発表された１９７６年当時、エネルギー問題への対応は最優先の課題であったが、地球環境問題が重要政策課題として登場するのはずっと後のことである。

無縁社会という言葉がささやかれる今日、かつて我々が大切に伝承してきた伝統文化や社会的連帯感の豊かなコミュニティがもたらした恩恵の多くは、物質信奉文明の下で失われてしまった。大量消費文明の価値観は、文化の面でも持続可能性の危機をもたらしているのである。しかし単なる復古運動を進めても21世紀に生きる我々にふさわしい新しい文明を作ることができるとは到底思えない。我々が失った様々の価値を見直すことは必要であるにしても、我々が現在獲得している技術文明の恩恵を生かすことを視野に入れて、全く新しい脱物質型文明を作り出す覚悟が求められている。

物質信奉文明の下で物質に過剰な価値を認める考え方は、貨幣価値換算されやすいもののみを評価する社会・経済システムと裏表の関係にある。この傾向が極端になると金額換算されないものには価値を認めないという社会風潮が生まれる。しかし、豊かさを支えているものには、例えば無形の伝統文化のように貨幣価値換算できないものも多い。脱物質文明の構築に向けて、貨幣価値換算されていない、物質以外の優れたものにも価値を認める社会・経済システムや倫理規範をつくることが必要である。逆に言えば、Ｌの削減やＱの向上に貢献するならば、貨幣価値表示されていない重要な価値についても倫理的に違和感のない範囲内で、貨幣価値換算してその価値を顕在化させる努力を求められる状況が発生する。次節で紹介する間接的便益（NEB：Non Energy Benefit）の開拓はこの要請に応えるものである。これにより、従来とは異なるパラダイムの下に環境品質の向上を図ることができる。

2・3　物質信奉文明見直しの基盤となるスマート化とスリム化

スマート化

スマート化は21世紀に入って顕著になった概念である。スマート化という言葉は、電力系統における需要／供給の信頼性や効率を向上させるための技術であるスマートグリッドに関連して頻繁に使用されるようになった。スマートグリッドの導入が注目されるようになった背景として情報技術の進歩と普及を指摘することができる。

その後スマート化の概念は拡張され、資源・エネルギー利用と情報技術を融合させ、低負荷型でサービス性能の高い建築・都市を実現するためのイノベーションを推進する運動を指すようになった。

スマート化は情報技術を基盤にしているという意味で、「脱物質化」の一つの方向を代表している。当初は電力エネルギー利用における技術的イノベーションのツールとしてスタートしたスマート化であるが、現在では大量消費型文明の見直しを担うキーテクノロジーの一つという位置づけをされるに至った。「スマートコミュニティ」などの言葉に示されている将来像は、情報技術を活用した幅広いサービスの提供を意図しており、スリム化が目指す価値観転換後の低負荷型文明のイメージと重なる部分も多い。

スリム化と脱物質化

スリム化は、大量消費型文明の見直しに向けた価値観転換の運動と定義される。スリム化運動の具体的事例として、後述するように評価ツール「ＣＡＳＢＥＥ」の開発・普及をあげることができる。価値観転換のためのドライビングフォースと位置づけられる「スリム化」という言葉は、当然のことであるが、〝物質的〟側面のみならずライフスタイル等の〝非物質的〟側面の低負荷化を含む、広い意味の環境効率の向上を表す用語として用いられる。

スリム化に関連の深い概念として「脱物質化」を挙げることができる。ここで、本書における「脱物質化」という言葉の位置づけを明らかにしておく。「脱物質化」は「De-materialization」の和訳である。筆者はこの訳は、〝物質〟という言葉の印象が強く現れすぎて誤解を招くおそれがあるのではないかという危惧を抱いている。なぜなら、〝脱物質化〟が〝非物質〟的な側面を含まない理念と受け取られかねないからである。「脱物質化」は、１９９７年にドイツのシュミット・ブレークが「ファクター10」を発表した際の基盤的理念となっているものである。シュミット・ブレークは、資源利用の効率向上の観点から「De-materialization」の概念を提示しているので、そこでは物質的側面に主なる関心がある。しかし本書では、資源利用の効率向上から環境負荷の少ないライフスタイルへの転換などを含め、脱物質化を〝物質的〟、〝非物質的〟すべての側面を含む概念と位置づけている。脱物質化の技術的側面に着目するとスマート化に関連する部分が多く、価値観転換の思想的側面に留意するとスリム化に重なる部分が多い。

スリム化とライフスタイル

資源利用の効率向上という視点から「脱物質化」を語るときには、主なる関心は産業分野に向きがちである。しかし、「脱物質化」は、産業、民生、運輸などすべての分野に対して適用されるべきものである。建築・都市の未来を構想する本書においては、民生分野の消費やサービス活動における資源・エネルギー利用効率の向上も加えて、「脱物質」の概念をより幅広く位置づけている。

あらゆる消費財やサービス財はその製造・流通過程でCO_2排出等の外部不経済を発生させている。消費活動のスリム化は、いわばクリーナープロダクションに対するクリーナーコンサンプションで、消費生活の見直しにより外部不経済発生の最小化を目指すものであり、その意味で我々の生活そのもののあり方を問うことになる。すなわち消費生活のスリム化の推進により、高炭素型のライフスタイルから低炭素型のライフスタイルへの価値観の転換を促すことができる。毎年１月に行われるダボス会議を主催しているＷＥＦ（World Economic Forum）は２００８年に「スリムシティ」の概念を打ち出している。筆者としては当時我が意を得たという思いを抱いたものである[5]。

スリム化の事例

第１章の図４に示したように、京都議定書採択以降、産業部門と運輸部門のCO_2排出量は減

図2　資源消費型の主要産業における効率向上（北九州市の事例）[6]

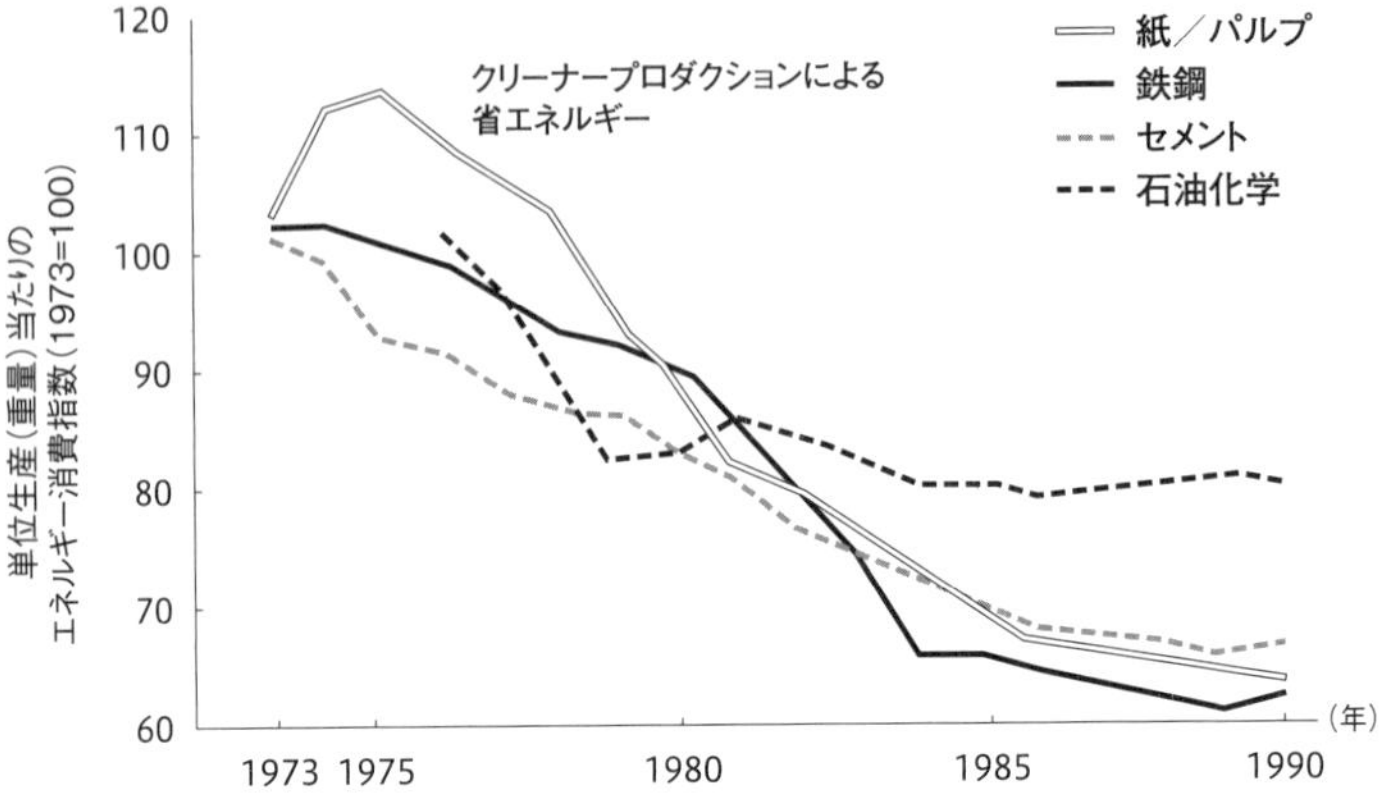

少しているが、民生部門は増加を続けてきた。産業部門と運輸部門におけるスリム化の優れた事例を２つ紹介する。

図２は北九州市の資源消費型の主要産業におけるエネルギー利用効率向上の事例を示す[6]。１９７３年の第一次石油ショック以降の効率の向上は顕著で、主要産業における劇的なスリム化が実現されている。日本の産業分野では地球環境問題が顕在化する以前から効率の高い生産活動を目指すクリーナープロダクションの運動は盛んであった。

スリム化の２つ目の事例として乗用車を取り上げる。自動車産業は乗用車等のスリム化の重要性に早くから着目してこれに邁進し、軽量化、燃費の向上、走行時の騒音低下などＬの削減とＱの向上を達成し、脱物質化に向けて大きな成果をあげてきた。スリム化の動きに遅れを取った自動車関連企業は市場から退場せざるを得ない状況に立ち至っている。スリム化という新たな価値観の開拓に成功した優れた事例である。

スリム化と「ＣＡＳＢＥＥ」

建築・都市分野におけるスリム化運動の代表事例として評価ツール「ＣＡＳＢＥＥ」の開発・普及をあげることができる。「ＣＡＳＢＥＥ」の基盤的理念は、環境負荷Ｌの削減と環境品質Ｑの向上であり、Ｑ／Ｌで定義される環境効率は、いわば建築・都市におけるスリム化の程度を表現するものである。「ＣＡＳＢＥＥ」は国土交通省の主導で開発されてきたもので、住宅／建築スケールの評価ツールから街区／都市スケールの評価ツールまでを含む体系付けられたファミリーとして整備されている。現在「ＣＡＳＢＥＥ」は多くの自治体や民間企業における評価ツールとして幅広く活用されており、建築分野におけるスリム化の実践といえる段階に達してきた。「ＣＡＳＢＥＥファミリー」の詳細は第5章に詳しい。

建物スケールの評価ツールは「ＬＥＥＤ」（米国）や「ＢＲＥＥＡＭ」（英国）をはじめとして世界に各種のものが存在する。しかしながら、「ＣＡＳＢＥＥ」以外のツールはすべて環境負荷Ｌの削減のみを意図したもので、環境品質Ｑの向上を明示的に導入しているのは「ＣＡＳＢＥＥ」のみである。「ＣＡＳＢＥＥ」の理念が本書の主題とするスリム化にそのまま通じるのはこの故である。ただし「ＣＡＳＢＥＥ」は、新築や既存の住宅／建物や街区／都市を評価する仕組みとなっており、将来における価値観転換の視点までを含むものではない。その意味で本書の「スリム化」という言葉には、「ＣＡＳＢＥＥ」の理念を超えるより広い意味づけが与えられている。

2・4 脱物質型建築への道筋

日本の住宅・建築・都市産業においては、戦後60年、右肩上がりに進行してきた住宅や都市における物質的肥大化の傾向を、スマート化、スリム化に向けて見直すことが求められている。自動車の場合、燃費という大変わかりやすい指標があるのでスマート化、スリム化の効果が目に見えやすく幅広い賛同を集めている。これからは建築や都市分野も、スマート化、スリム化という時代の要請をよりわかりやすく「見える化」し、新しい価値観を開拓することに意を注ぐべきであると考える。建物や都市の評価ツールである「ＣＡＳＢＥＥ」はこの「見える化」を意図したもので、環境負荷Ｌを削減しながら環境品質Ｑを向上させるという理念のもとにスリム化を達成することを目指している。第５章で示すように、「ＣＡＳＢＥＥ都市」を用いて全国自治体の環境性能評価を実施しているのは、都市環境の「見える化」を意図したものである。

第１章の図３に、大量消費型住宅から脱物質型住宅への道筋を示した。「ＣＡＳＢＥＥ」の考え方に沿って、①伝統的（バナキュラー）住宅、②大量消費型住宅、③省エネ住宅を経て、④脱物質型住宅に至る経路が、環境効率ＢＥＥ（Built Environment Efficiency）の値の変化で示されている。

前述のように、「ＣＡＳＢＥＥ」では環境品質Ｑと環境負荷Ｌに着目し、両者の比を取ったＱ／Ｌによって環境効率ＢＥＥを定義し、この値によって評価ランクが決められている。

将来目標としての④の脱物質型住宅を実現することは容易ではない。分母の環境負荷Ｌを大幅に削減することは再生可能エネルギー利用などにより可能であるが、環境負荷を増加させずに分子の環境品質Ｑを向上させることは簡単ではない。これを達成するためには、スマート化、スリム化という技術や考え方に基づいて、価値観の転換により新たな環境品質のパラダイムを導入することが不可欠である。

3　住宅・建築・都市における新しい価値の追求

前節において、脱物質文明の構築に向けて物質信奉型でない新しい環境品質Ｑの追求が不可欠であり、そのためには価値観の転換が必要であることを述べた。また第1章1・4で、環境負荷Ｌの削減の方向は見えているが、環境負荷の増加を伴わない環境品質Ｑの向上は極めて難しいことを述べた。本節では、新しい豊かさ、すなわち新しいＱをデザインするために求められる価値観の拡張や転換の事例について紹介する。

3・1 住宅断熱における価値観の転換——健康増進という新しい価値

第1章で述べたように、日本のストック住宅の断熱水準は一般に低い。例えば、現行の断熱基準である平成11年基準（通称次世代基準）の適合率は5％～6％程度である（2011年時点）。日本で断熱水準が向上しない理由や断熱水準向上の必要性についても第1章で述べた。ここでは断熱の推進に際して、断熱向上がもたらす間接的便益としての健康増進に着目し、新たな価値観の開拓、認識により断熱を推進する方策を提案する。

貧弱な日本の住宅の暖房環境

図3は入浴中の急死者の搬送数を示す[7]。折れ線に示す気温が、12月、1月、2月の冬期に低下すると、棒グラフが示す死者数が急激に増加する。低い屋内温度や居間と浴室間の大きな温度差が主な原因である。住宅の断熱性能を向上させることがこのような事故防止に貢献することは明らかである。しかし現実には、1章の図5、6、7などで紹介したように、日本の住宅の暖房用エネルギー消費量は少なく、かつストック住宅の断熱水準が低い。日本の冬季の屋内環境は大変貧弱なのである。

図3　入浴中の急死者[7]

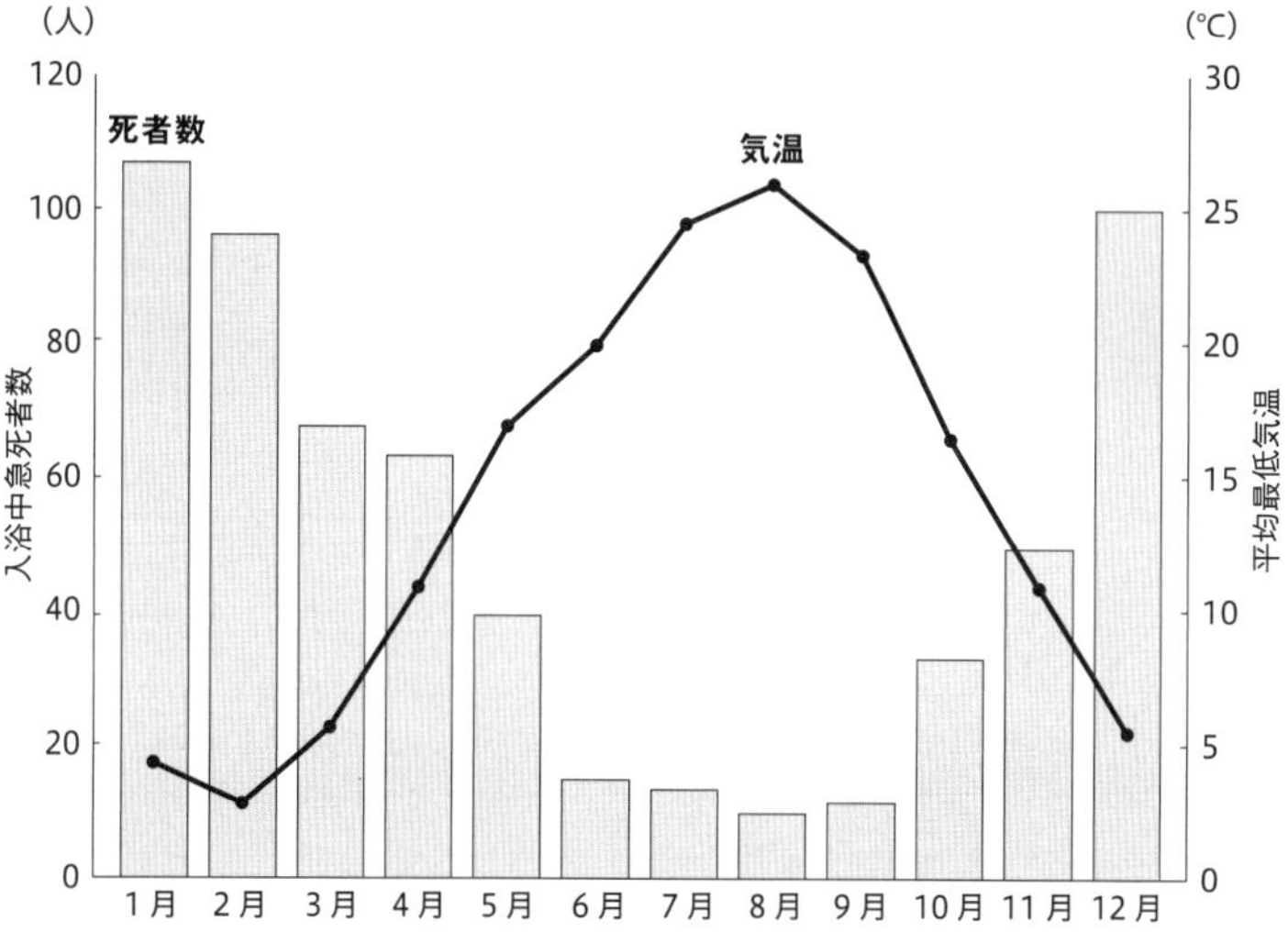

断熱向上に伴う有病割合の改善

「断熱性能の良い住宅に住んでいれば病気にかかりにくいのか」、という当然の質問が出てくる。転居に伴って断熱性能が向上した人たちだけを対象に、有病割合に変化が現れたかどうかについて調査した[8]。図４は断熱性能の低い家から高い家に転居した１万人以上の人を対象にアンケート調査した結果である。転居前と転居後を比べるといずれの病気の有病割合も大幅に低下しているのがわかる。断熱性能を向上させることにより、有病割合が顕著に改善されることが期待される。有病割合低下の理由として、室温上昇に加えて以下の点の複合効果が指摘される。

図4　転居に伴う断熱性能向上による有病割合の改善（アンケート調査）[8]

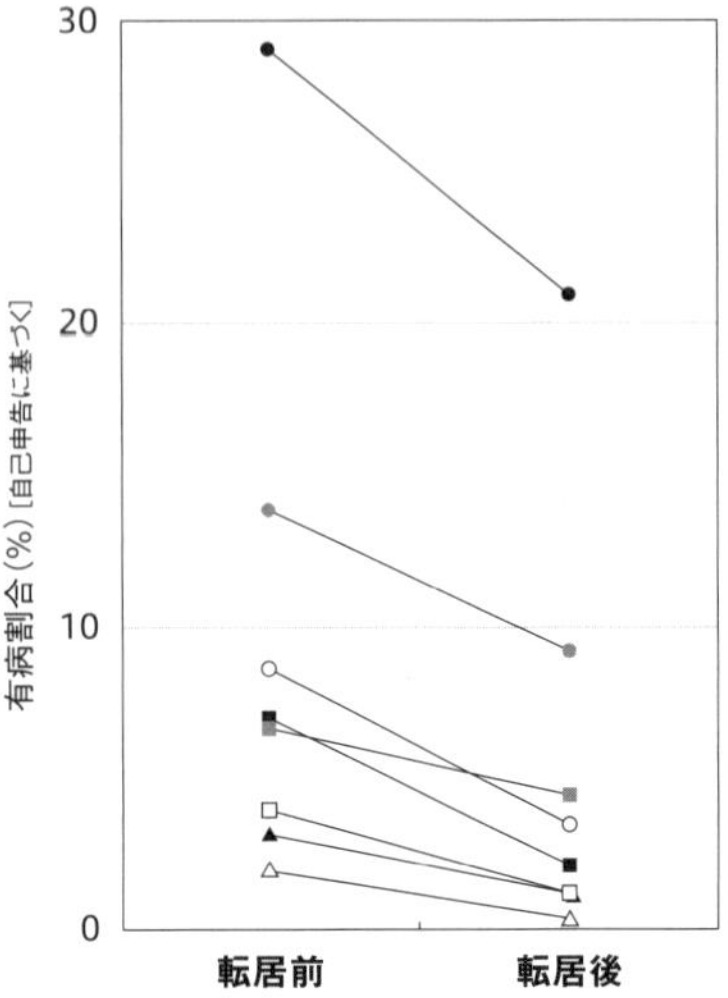

疾病	改善率
● アレルギー性鼻炎	27%
● アレルギー性結膜炎	33%
○ アトピー性皮膚炎	59%
■ 気管支喘息	70%
■ 高血圧性疾患	33%
□ 関節炎	68%
▲ 肺炎	62%
△ 心疾患	81%

n=10,257人

①結露現象防止によるカビ、ダニ発生の減少
②暖房方式の改善と24時間換気による室内空気質の改善
③遮音性能改善
④新築住宅への転居による心理面でのリラックス効果

現在、このアンケート結果の医学的裏づけについて研究が進められている。

有病割合改善の貨幣価値換算

次に、有病割合の改善を貨幣価値換算することを試みる。病気になれば医療費がかかるし、働くことができないので所得が減るなど、さまざまな出費や収入減が発生する。したがって疾病予防はその

図5　断熱住宅における疾病予防による便益の金額換算[8]

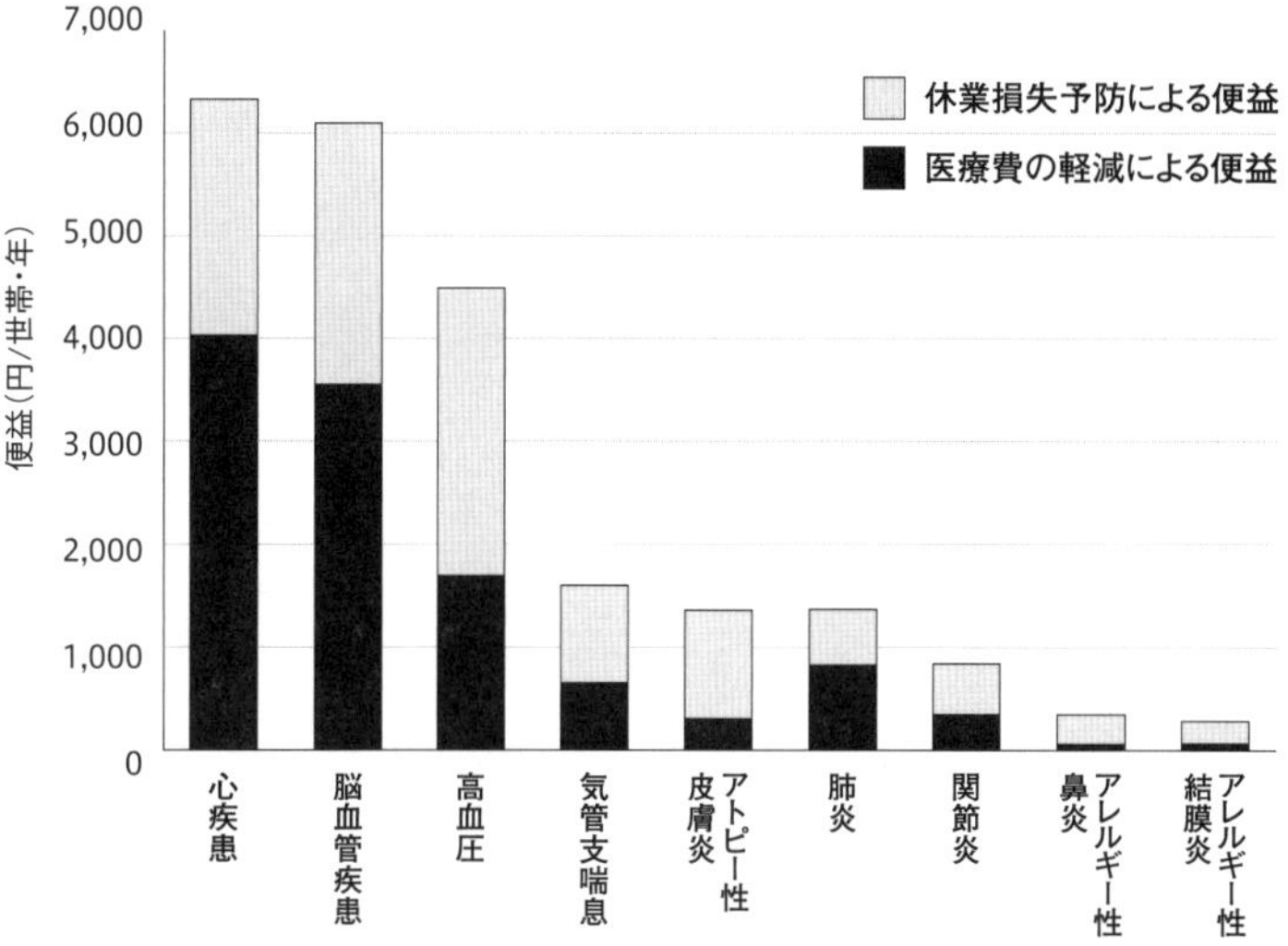

ような出費等が減るという便益をもたらす。

このような考え方にしたがって、断熱住宅における疾病予防による便益を金額換算したものが図５である。縦軸が便益で世帯当たりの金額を意味する。便益は休業損失予防による便益と医療費の軽減による便益に分かれている。たとえば心疾患なら年に６０００円ほどの金額的な便益がある。他の病気に関しても、断熱性能の向上がもたらす疾病予防の大きな便益を期待することができる。ただし、図５は図４のアンケート調査をベースに算定された暫定的なものであり、便益が過大評価されている傾向は否定できない。

断熱向上がもたらす省エネの便益「ＥＢ」と省エネ以外の便益「ＮＥＢ」

住宅の断熱計画は単に省エネ、省CO_2だけでなく、健康維持増進を含む環境共生型の生活サービスを提供する住宅の設計という大きな目標の中に位置づけて進められるべきものである。住宅断熱がもたらすさまざまの便益、すなわちマルチ・ベネフィットをまとめて図6に示す。

図6では、省エネの便益ＥＢ（Energy Benefit：エナジー・ベネフィット）と省エネ以外の便益ＮＥＢ（Non-Energy Benefit：ノン・エナジー・ベネフィット）に大別して、ステークホルダーごとに表示されている。断熱は光熱費削減（ＥＢ）以外にも様々の便益（ＮＥＢ）を提供することが分かる。

たとえば、居住者にとってのＥＢが何かといえば、断熱向上による光熱費の削減である。ＮＥＢとしては、健康性の向上、快適性向上、遮音性向上、メンテナンス費用削減や知的生産性向上など、様々の便益を挙げることができる。負の便益としては住宅購入費／改修工事費の増加、つまり工事費用が増加する点が指摘される。

住宅供給業者の場合、断熱材を多く使用すると建設のためのエネルギー消費量が増え建設コストが少し上昇するという負の便益が発生する。プラスの便益としては建物の付加価値が向上し、企業のＣＳＲ推進への貢献という便益を指摘することができる。

行政や社会というステークホルダーに着目すると、ＥＢとして化石エネルギーの輸入量が減少する便益や、CO_2の排出量削減などの便益を指摘することができる。ＮＥＢとしては環境政策推進への貢献や環境政策に対する市民の意識向上、あるいは大気汚染防止費用の削減などを挙げ

図6　断熱がもたらす省エネの便益(EB)と省エネ以外の便益(NEB)

EBとNEB ステークホルダー	省エネの便益 (EB：Energy Benefit)	省エネ以外の便益 (NEB：Non-Energy Benefit)
居住者	＋光熱費削減	＋健康性向上　＋快適性向上 ＋遮音性向上　＋安全性向上 ＋メンテナンス費用削減 ＋知的生産性向上 －住宅購入費／改修工事費の増加
住宅産業	－建設に要する エネルギー消費量の 増加	＋建物の付加価値の上昇 ＋CSR(企業の社会的責任)の推進 －建設コストの増加
行政／社会	＋化石エネルギー 輸入量の減少 ＋CO_2排出量の削減	＋環境政策推進への貢献 ＋環境政策に対する市民の意識向上 ＋産業活性化の推進 ＋雇用創出

＋は正の便益、－は負の便益(費用増加等)を意味する

ることができる。

2・1、2・2で新しい価値観について触れたが、その考え方の一面はここに示している断熱と健康という切り口からよく理解される。断熱を向上させればエネルギー消費量が減少し、光熱費を削減することができる。通常はそのような直接的な便益としてのEBのみに関心が向きがちであるが、それ以外にもさまざまのNEBという価値があるのである。従来、NEBはあまり注目されてこなかった。しかし、価値観を転換、拡張してそのような部分にも関心を払って、環境改善がもたらす価値を定量的に評価すべきであるというのが筆者の主張である。これは、今まで建築の市場で認められていなかった新しい付加価値の提供ということができ、新しい事業機会の開拓にもつながる。

断熱工事の投資回収年数

従来、住宅断熱の便益として注目されていたのは光熱費削減というＥＢだけであったが、ＮＥＢにも着目するとき、断熱工事の投資回収の評価がどのように変化するかをケーススタディーによって検証する。

ケーススタディーの条件

東京に建設する新築戸建て住宅（2階建て、床面積１２６㎡、家族人数2・6人〔日本の平均〕）を想定する。断熱性能向上のための追加費用として、無断熱から次世代基準の高断熱にすると一戸当たり約１００万円の追加費用が発生すると想定する。年間負荷計算を行い暖房用のエネルギー消費量、エネルギーコストを算定すると、無断熱の場合8・6万円／年・戸であるが、高断熱の場合5・1万円／年・戸となる。すなわちＥＢは3・5万円／年・戸となる。ただしここで想定している暖房水準は日本の平均よりはかなり高い。統計資料によれば、日本の住宅の暖房費用は全国平均で3万円／年・戸程度である。

無断熱から高断熱の家に移転した場合の有病割合の低下や、有病割合低下がもたらす便益は、図4、図5に示した通りである。これらに基づいて、断熱住宅における疾病予防の便益を金額換算すると1世帯当たり2・7万円になり、これが健康維持増進の便益となる。ただしこの数字は、前述のようにアンケート調査に基づいて算定されたもので、過大評価の可能性があることを指摘

図7　断熱住宅における投資回収年数の評価[8]

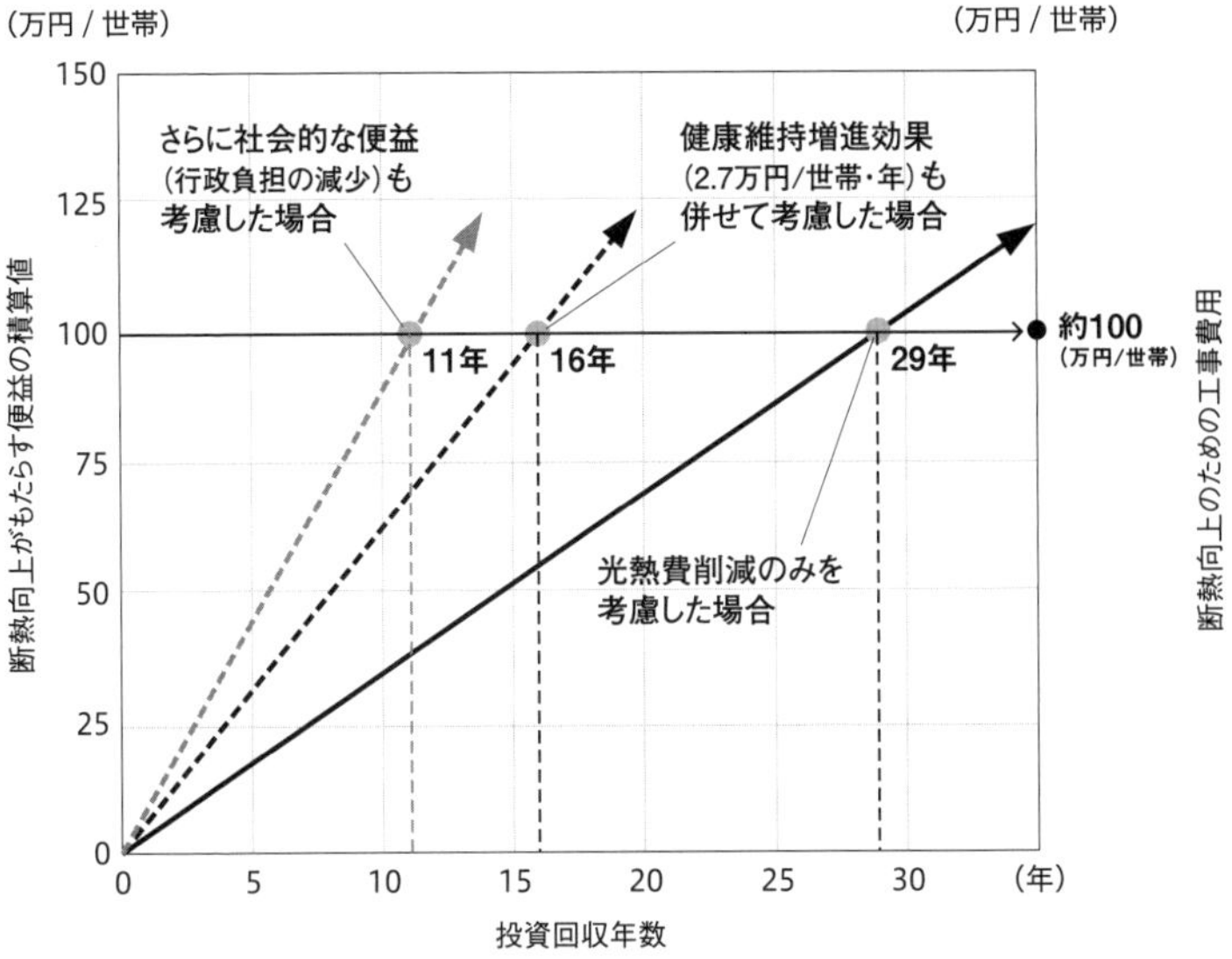

しておく。

一方、日本の医療費の総額は約37兆円／年で、1人当たり約30万円／年である。ここで想定した家族人数（2・6人）では約75万円／年・世帯となる。有病割合の減少に伴う便益2・7万円／年・世帯という金額は世帯あたりの医療費の3・6％に相当し、それほど大きな数値ではないと思われる。

ケーススタディーの結果

上記のような住宅を対象にして、断熱工事の投資回収年数を検討した結果が図7である[8]。この検討により、有病割合の減少がもたらす健康維持増進というNEBを考慮するとき、断熱工事に必要とされる工費の投資回収年数がどの程度短縮されるかが明らかとなった。

本試算によれば、光熱費削減（すなわちＥＢ）のみを考慮する場合、投資回収には29年が必要とされるが、健康維持増進効果（ＮＥＢの一つ）も併せて考慮すると投資回収年数は17年に短縮される。医療費の7割は国庫が負担しているので、健康維持増進により、社会も便益を受ける。参考まで、この便益を上乗せすれば、投資回収年数はさらに短縮される。住宅の断熱計画に際しては、このようなマルチベネフィットに着目した多面的な評価の視点が必要である。

新しい価値観の開拓

断熱向上に伴う快適性や遮音性の向上というＮＥＢは比較的実感しやすいのであるが、健康面における便益は定量化しにくいので今まで評価されることはなかった。ここで示したような健康維持増進の価値を顕在化させて、断熱がもたらす新たな便益としてその貨幣価値を試算して示すことは、断熱行政の推進に大きな貢献を果たすものである。前述したように、日本の住宅における暖房用エネルギー消費量はかなり少ないので、ＥＢの面から断熱向上のための工事費用の増額を消費者に納得してもらうことは容易ではない。しかし健康性向上という新しい環境品質Ｑの視点を導入すれば消費者の理解を得ることははるかに容易になる。

断熱向上の多面的効用は、このように投資回収という物差しを用いると一層よく理解される。繰り返すが、断熱の効用を「ＥＢ」の部分だけに限定するのは誤りなのである。今回のケーススタディーで評価しているのはＮＥＢの中の健康性のみであるが、快適性、遮音性、安全性など、他にも検討対象にすべきＮＥＢは種々指摘される。ステークホルダーに着目しても、便益の受け手は居住者以外の住宅関連産業や行政・社会にも拡張可能である。

住宅・建築分野において価値観の転換を推進するに際しては、ここで紹介した住宅断熱行政におけるエナジー型の狭い価値観からノン・エナジー型の広い価値観への転換・拡張は大変分かりやすい事例となる。そしてこのような価値観の拡張・転換が新しい豊かさの指標の概念構築に貢献する。マルチベネフィットの視点は、建築における価値観の転換、拡張のキーコンセプトのひとつといえる。

3・2　オフィス空間における新しい価値――知的生産性

ここでは執務空間としてのオフィスに着目して、知的生産性という新しい価値観の開拓について解説する。知的生産性は環境負荷でなく、環境品質に係る新しい価値である。近年、執務空間における知的生産の価値を貨幣価値換算することにより、その価値を客観的に評価しようとする動きが欧米の経営層を中心として世界的に広がっている。知的生産性の向上が期待されるオフィスに対しては、高めの賃料が受け入れられる時代になった。知的生産性は一般に、「知的活動の算出価値／投入費用」として定義される。

このような建築空間が提供する知的生産性の価値をビルオーナーを含む社会に認識してもらうためには、知的生産性の中身を明確にして、屋内環境が知的生産性に与える影響を広く社会に発信しなければならない。ここではその事例を紹介する。

冷房温度と知的生産性

従来、省エネのためにオフィスの冷房温度を上昇させることが行われてきたが、これは一方的に行われるのでなく入居者の執務環境にも配慮した設定がなされるべきである。ここで環境負荷削減のための冷房設定温度の上昇（ＥＢ）と環境品質向上としての知的生産性の確保（ＮＥＢ）という課題はトレードオフの関係になる。知的生産性という新しいＮＥＢの開拓がこのトレードオフ問題を顕在化させたといえる。新しい価値観の開拓に際して、このようなトレードオフ問題が発生することは決して稀ではない。本節ではオフィスビル設計におけるこのトレードオフ問題の解決に際して、貨幣価値という共通指標を用いて合理的判断を行った事例についても紹介する。

経済活動の最先端としてのオフィス空間の知的生産性

半導体などの精密工業製品の生産の場合、その生産環境が極めて重要であることは周知の事実である。半導体に限らず薬品や精密機械など、多くの工業製品がチリ・ホコリのない環境、いわゆるクリーンルームで生産される。製品の生産性の良し悪し、すなわち工業生産性はそのまま産業の国際競争力に直結する。クリーンルームのような高度の生産環境は経済の足腰を支える重要な産業インフラである。同様のことがヒトが働く環境にも指摘される。すなわち知的生産に関わる先端企業のオフィス空間は日本経済を支える基盤であるといえる。

農業経済、工業経済を経て、現在はナレッジエコノミー、あるいは知識経済の時代といわれる。工場におけるモノの生産性が国の経済競争力を左右するほど重要であるならば、知的資産の生産性も同様に重要であることは直ちに理解される。知識経済の到来により、知的資産の生産性こそがその国の経済競争力を決定する時代となってきたのである。近年、欧米の優れた企業が社員の執務環境の整備、すなわち知的生産性の向上に極めて熱心であるのはこの点を十分に認識しているからである。一方日本においては、ホワイトカラーの知的生産性という新しい価値に対する経営層の関心が未だ高くないことはかねてから指摘されているところである。

建物のコストとビジネスの価値

知的作業効率向上のための環境改善はそのための費用発生をもたらす。シックビルにおける作業効率低下という問題解決のプロセスで、作業効率改善のための費用対効果の研究が欧米を中心になされ、多くの実証的研究が発表されてきた[9]。米国の研究の一例を紹介する。図８に示すように、あるビルの一生に着目するとき、そのビルの中で生産されたビジネスの価値と建物に使われた費用を比較すると、40対１という比率になるという。もしも建物の執務環境の改善で知的

図8　建物のコストとビジネスの価値[9]

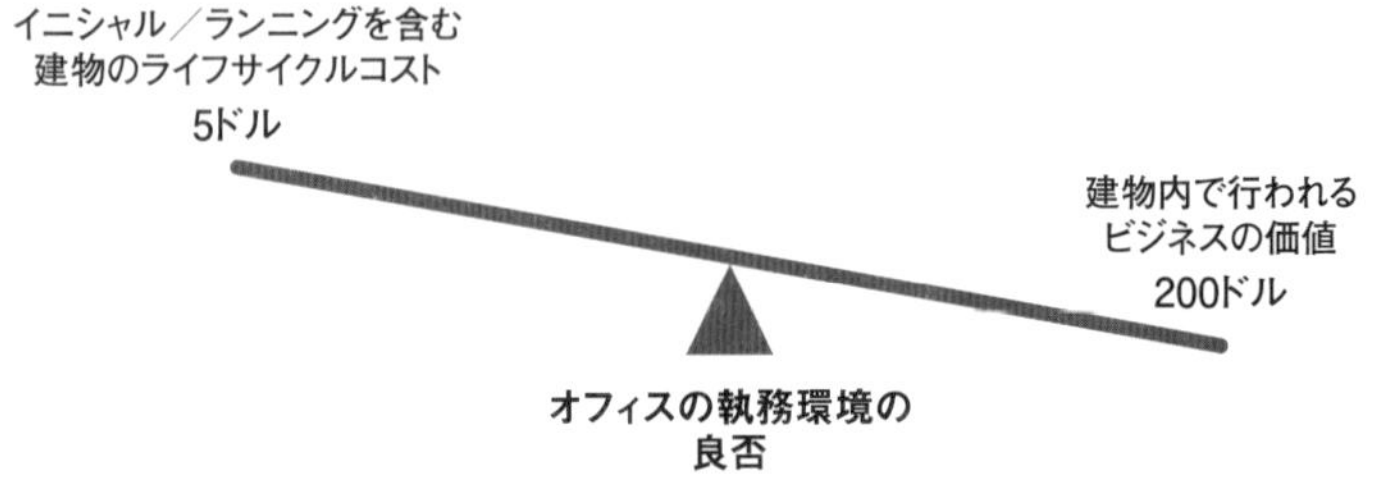

生産性が向上するならば、建物に対する投資額をはるかに上回るビジネス上の利益が得られるので、きわめて有利な投資対象であると結論づけている。知的生産性向上の視点からなされる建築への投資機会の増大は、成熟し、縮退傾向が見られる建築産業のニューフロンティアを拓くものである。このような状況を受けて、近年オフィス経営の観点から、知的生産性の経済性評価に関する研究が実施されている。図9はその一例で、知的生産性が向上する場合にどの程度の追加賃料を支払う意志があるかを経営者に問い合わせたものである[10]。知的生産性の向上に対して、10%程度の追加賃料の支払いは十分に期待できそうである。

節電と室温——電力消費削減の利得と知的生産性低下の損

　昨今の電力供給逼迫の状況を考えれば、節電の推進は当然のことである。一方で節電がもたらす副作用、すなわちサービス低下、経済影響などの側面にも配慮しなければならない。原則論として、節電効果が同様であるならばサービス低下の少ない使用用途から順番に節電を実施すべきである。

節電の観点から、冷房温度は28℃程度の高めの設定が推奨されている。高めの冷房温度設定の影響について考えてみる。環境・エネルギー分野の先端企業の技術開発センターで調査した夏季の屋内環境と知的生産性の関係を図10に示す[11]。図９や図10において、「知的生産性」は、①加算テスト、②タイピングテスト、③プルーフ・リーディング、④メモリーテストなどの知的作業の効率として算出されている。この執務環境の場合、知的生産性のピークは約25・７℃の時に現れ、室温がこれより低下しても上昇しても知的生産性は低下する。28℃では、知的生産性の低下は13～14％程度と相当大きい。すなわち、節電と知的生産性の確保というトレードオフ問題の発生を指摘することができる。

知的生産性の低下がもたらす最大の問題は、知識産業にとって最も重要とされるクリエイティブな頭脳活動が低下することである。優れた頭脳のみが提供し得る創造性の発露という頭脳活動の低下は他の手段では代替できない。また単純な試算として、知的生産性が一割低下すればそれを埋め合わせるため追加の労働時間が一割発生することになり、結果としてエネルギー節減にはつながらないという指摘も説得力に欠けるものではない。

知的生産性の低下も冷房温度の設定変更も金額換算することが可能である。冷房温度を上昇させると電力消費量が削減されるので便益（ＥＢ）が発生する。一方、知的生産性の低下は従業員の給与に対応した損失をもたらす。図10に示した事例の場合、知的生産性低下のもたらす損失額

図9　知的生産性向上に対する追加支払賃料(テナントビル)[10]

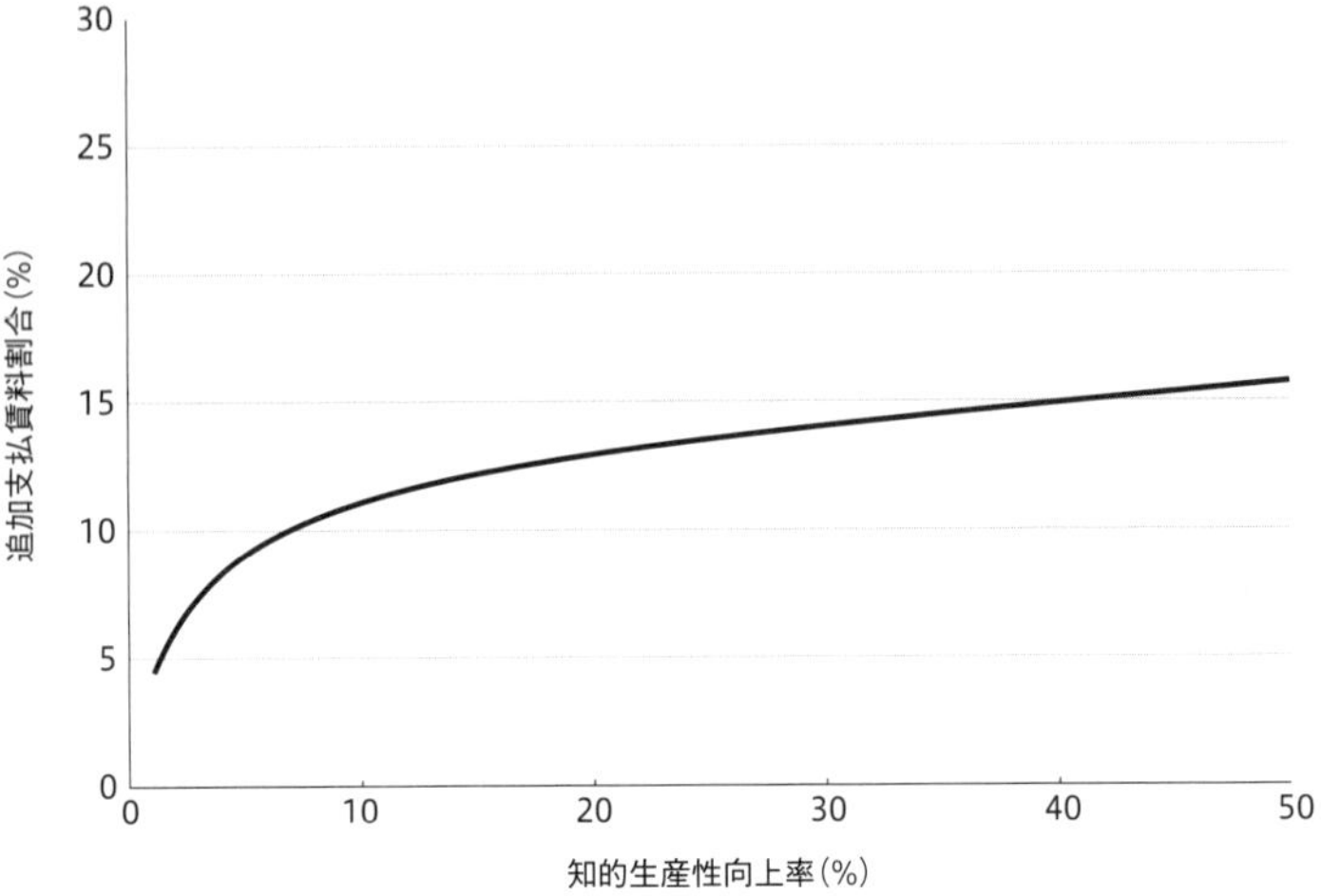

図10　オフィスの知的生産性と冷房温度[11]

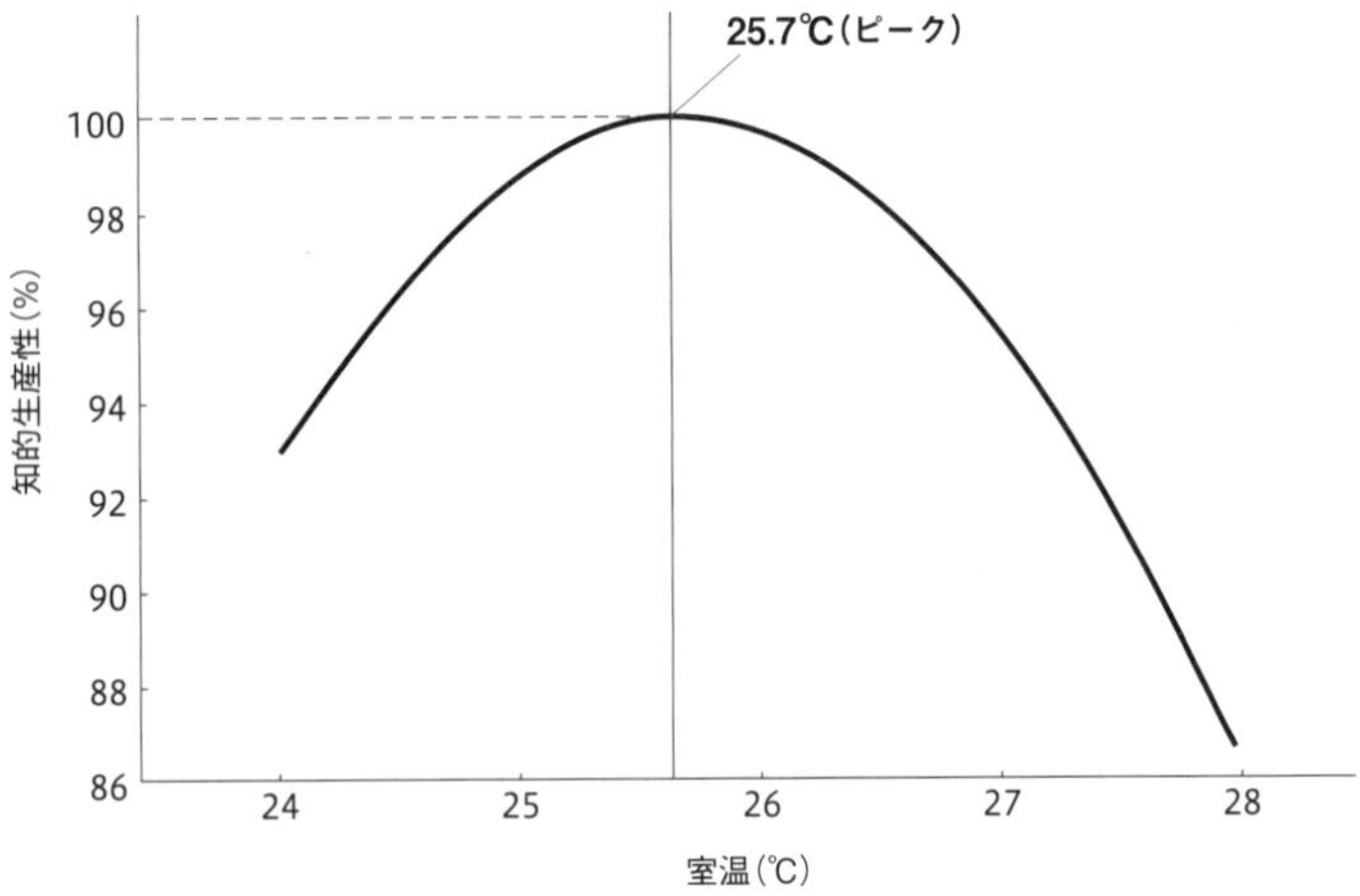

の方が、電力消費量削減がもたらす利得より二桁程度大きいという結果となっている。すなわち、重要な知的生産活動がなされている執務空間に対しては、冷房温度の高めの設定は安易に推奨されるものではない。

オフィスデザインにおけるマルチベネフィットの視点

上記のように、オフィスの冷房時の室温設定と知的生産性の確保がトレードオフの関係になることを示し、その解決のためには便益を金額換算して共通の指標で比較することの有効性を示した。このようなトレードオフ問題は冷房と知的生産性に限らず、設計の様々の側面で発生するものである。トレードオフ問題解決のためには、各種の便益を定量的に比較する手法の開発が有効である。ここでは一つの手段として金額換算して比較したが、比較の方法は金額換算に限るものではない。大事なことは、前節の健康と断熱に関連して述べたように、これまで貨幣価値表示されないがゆえに無視されてきた便益にも着目し、マルチベネフィットの視点から合理的判断をすることである。マルチベネフィットを相対比較して設計オプションの優劣を決める手法の開発は、価値観の拡張や新しい価値観の開拓につながり、結果として総合的なＱＯＬの向上をもたらす。

節電の要請の下で省エネはもちろん重要であるが、オフィスの知的生産性もそれに劣らず重要である。トレードオフ問題の解決のためには、各種の価値観に関して幅広い視点を有することが重要で、便益の合理的な相対比較がそのまま合理的設計につながる。

3・3 面的エネルギー利用における新しい価値の導入と費用便益比Ｂ／Ｃの改善

3つ目の価値観の拡張・転換の事例として、住宅、オフィスビルよりスケールの大きい面的エネルギー利用[12]において、新しい間接的便益ＮＥＢの導入により費用便益比Ｂ／Ｃが大幅に改善された解析事例を示す。ここでは、東京都の品川駅前地区において低炭素化に向けた面的エネルギー利用の事例をケーススタディーとして取り上げる。

面的エネルギー利用におけるマルチベネフィット

面的エネルギー利用におけるマルチベネフィットの場合にも、住宅の場合と同様、便益としてもたらされるＮＥＢにはさまざまなものを指摘することができる[13][14]。これを図11に示す。図11に示すＮＥＢを貨幣価値換算するに際しては、エビデンスのあるものに限定して取り上げている。

まず、①面的エネルギー利用の導入にともなう環境価値創出に対する便益がある。この場合、主な便益の受け手は建物オーナーやユーザーになる。

次に、②執務空間・居住空間の環境の向上による便益があり、その受け手はユーザーになる。

さらに、③地域経済への波及にともなう便益があり、受け手は自治体、国、地元コミュニティーとなる。

図11　低炭素化がもたらすNEBの見える化[13]

		便益の主な受け手
①環境価値創出による便益	→	建物オーナー、ユーザー
②執務・居住環境の向上による便益	→	ユーザー
③地域経済への波及に伴う便益	→	自治体、国、地元コミュニティ
④リスク回避による便益	→	建物オーナー、ユーザー、エネルギーサービス事業者
⑤普及・啓発効果による便益	→	自治体、建物オーナー

また、④リスク回避による便益もあり、受け手は建物オーナー、ユーザー、エネルギーサービス事業者となる。

最後に、⑤普及・啓発効果による便益があり、その受け手は自治体、建物オーナーになる。

都市・地域スケールの低炭素化プロジェクトでは、様々のステークホルダーが登場するので、便益の種類や受け手が多様化する。

品川駅前地区におけるケーススタディー[13]

ここで取り上げた品川駅前地区は、図12に示すように延べ面積約８８０万㎡の中に、オフィスビル、商業施設、ホテル、集合住宅などが混在しているエリアである。２つの清掃工場が近接しており、清掃工場の廃熱利用がケーススタディーの大きなテーマの一つになっている。

ここでは、清掃工場の廃熱利用のための配管の設置コストやエネルギー効率を考慮した投資計画など、すべて具体的に計画を立てて計算がなされた。このケーススタディーの場合、これ

図12　品川駅前地区の低炭素化に関するケーススタディー[13]

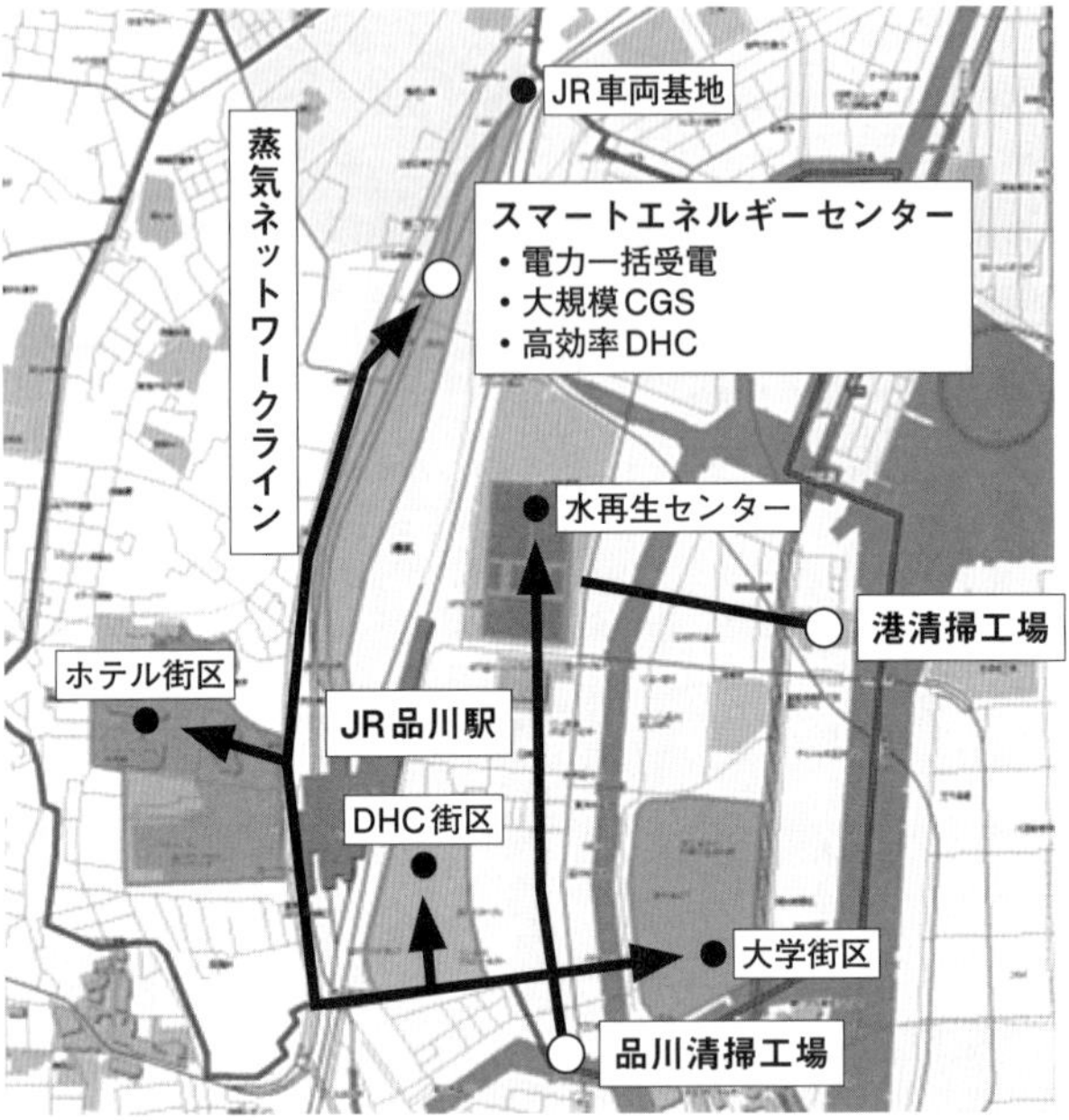

らの対策により民生部門のCO_2排出量は、計画前の57万トン（CO_2/年）が計画後に約42万トンに減少し、CO_2排出を25%削減することができる。低炭素化のための主な対策技術の一つとして未利用エネルギー（清掃工場廃熱からの蒸気）があり、この対策技術がもたらすCO_2排出削減効果は非常に大きい。そのほか、建築物の高断熱化や太陽熱利用冷暖房・給湯、街区へのスマート・エネルギー・ネットワーク導入などの貢献も指摘される。

図13　EB/NEBの導入によるB/Cの改善[13]

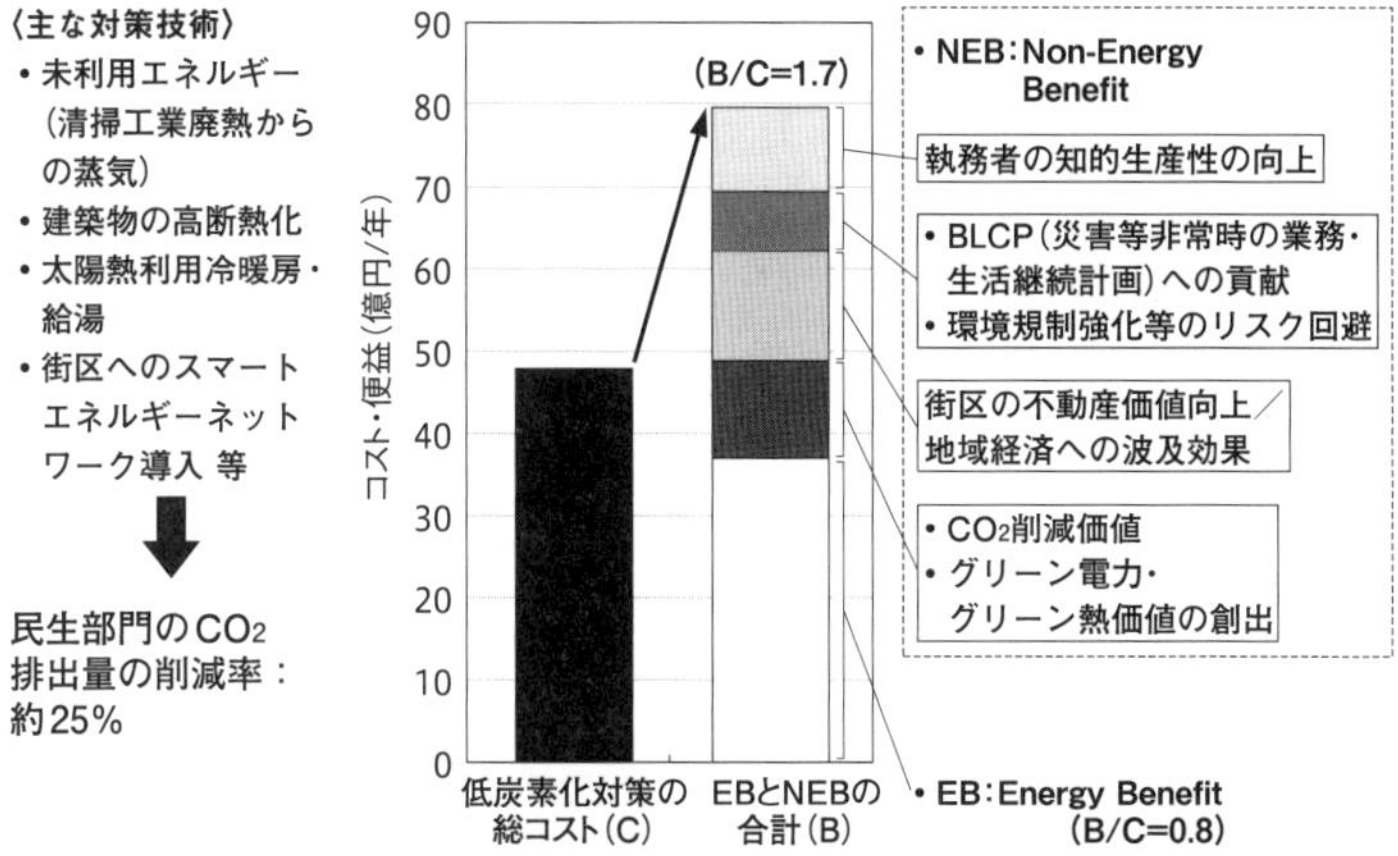

EB／NEBの導入による費用便益比B／Cの改善

品川駅前地区におけるケーススタディーの結果に基づいて、この低炭素化プロジェクトがもたらすEBとNEBの両者に着目して費用対効果の分析を行った。図13はEB／NEBの金額換算とB／Cの評価結果である。図13中の左側の黒い棒グラフが低炭素化対策の総コストCを示す。右側の棒グラフの下半分の白い部分が清掃工場排熱利用などの省エネ対策がもたらすEBである。それまで廃棄していた清掃工場の廃熱を活用するということで、EBがかなり大きくなっている。それでも費用便益比B／C、すなわち「棒グラフの白の部分／棒グラフの黒の部分」は約0・8で1よりも小さく、実行すれば便益よりコストが余計にかかるという状態である。

これに対して、ＮＥＢを考慮したらどうなるだろうか。右側の棒グラフの上半分の部分がＮＥＢを示す。棒グラフに示すように、このケーススタディーでのＮＥＢの中身は、①執務者の知的生産性の向上、②ＢＬＣＰ（Business and Living Continuity Plan：災害等非常時の業務・生活継続計画）への貢献、③環境規制強化等がもたらすリスク回避の便益、④街区の不動産価値向上／地域経済への波及効果、⑤CO_2削減価値、⑥グリーン電力・グリーン熱価値の創出などになる。

これらのＮＥＢを金額換算して便益に組み込むとＢ／Ｃが大幅に改善され１・７となる。すなわち、コストの１・７倍の利益がもたらされるということになり、実行することによりかなり利益が得られるという結果になる。これがＮＥＢを組み込んだ場合に発生するＢ／Ｃ評価のパラダイムシフトである。ただしＮＥＢを過大に見積もると事業スキームの経済性が楽観的過ぎるものになり、社会的信頼を失うことになるので、ＮＥＢの算定には慎重な検討が必要である。

この事例のように、面的エネルギー利用の計画においてもＮＥＢという新たな価値観を導入することにより、新たな都市環境整備の展望を開くことができる。このことは、新たな負荷削減計画や新しい環境品質Ｑの概念構築に大きく貢献することになる。

面的エネルギー利用における各種対策の限界削減費用の評価

低炭素化対策の各種手段の優劣を判断する有力な尺度がそのために必要とされるコストである。このためにしばしば利用される手法が、限界削減費用分析である[15][16]。図14に限界削減費用の

図14　限界削減費用に基づく低炭素化対策の優先順位の決定[16]

限界削減費用

何らかの対策により追加的にCO_2を削減する場合に発生するコスト
（ランニングコスト＋イニシャルコスト／投資回収年数）

→省エネの便益がコストを上回ることもありえる

→限界削減費用が小さい技術から順番に取り入れていくことで、
　もっとも経済的に温室効果ガスの削減を図ることができる

限界削減費用曲線

限界削減費用を縦軸に、CO_2削減ポテンシャルを横軸にとり、
限界削減費用の低い対策順（有利な順）に並べた図

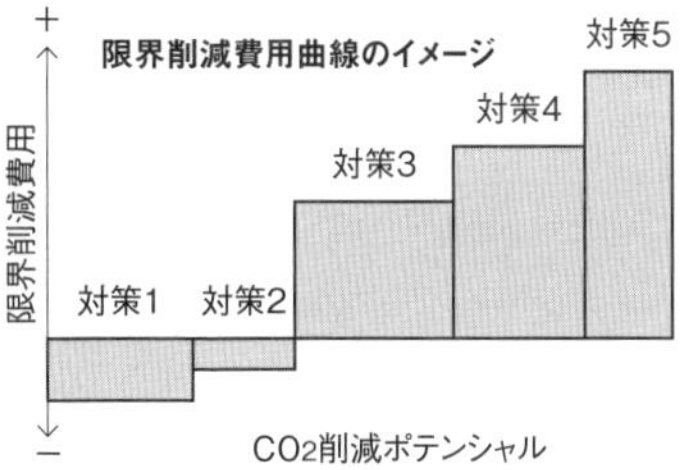

〈使用目的〉

- **CO_2削減対策の優先順位の評価**
- **助成等の政策手段の効果の評価**
- **目標とするCO_2削減量に対する総コストの評価　等**

解説を示す[16]。各種対策を限界削減費用の順番に並べたものを限界削減費用曲線と呼ぶ。この場合、縦軸がコスト、横軸がCO_2の削減量を示す。有利な対策手段の場合、限界削減費用がマイナスになり、対策を実施すれば費用でなく便益が発生する。

　限界削減費用分析において、ＮＥＢを組み込んだ事例は過去に殆ど見られない。以下に示すケーススタディーの結果、ＮＥＢの組み込みや投資回収年数の見直しにより、限界削減費用が大幅に改善されることが示された。

　図15は、現在用いられている通常の方法で計算された限界削減費用曲

線を示す。このケーススタディー1ではNEBは組み込まれておらず、投資回収年数は設備機器関連3年、住宅関連10年としている。この投資回収年数は図16のケーススタディー3の投資回収年数に比べ短い。平均対策コストはCO_2 1トン削減当たり約2・5万円である。限界削減費用が負になる対策（対策を実施すれば利益が発生する）は極めて少ないが、これが通常発表されている限界削減費用曲線である。最も有利な対策はワークスタイル／ライススタイルの変更や冷暖房／照明機器の効率化などである。

図16のケーススタディー3は、限界削減費用分析にNEBを組み込み、さらに投資回収年数を延長した分析事例である。ここでは原則として、建物や設備・機器の寿命に0・7を掛けたものを投資回収年数としている。2つの取り組みにより限界削減費用は大幅に低下し、ほとんどの対策の限界削減費用はマイナスになり、平均対策コストは約マイナス2万円となる。すなわち多くの対策において、これを実施すればコストが発生するのでなく逆に便益が発生する。この事例では大半の対策の限界削減費用が負となっており、面的な低炭素化対策の推進を強く支援する結果となっている。

限界削減費用と算定条件

3つのケーススタディーにおける平均対策コストの変化を図17に示す。図15のケーススタディー1では、NEBは組み込まれておらず、投資回収年数も図16に比べ短い。平均対策コストは約

図15　通常の方法で計算された限界削減費用曲線[13]
（ケーススタディー１）

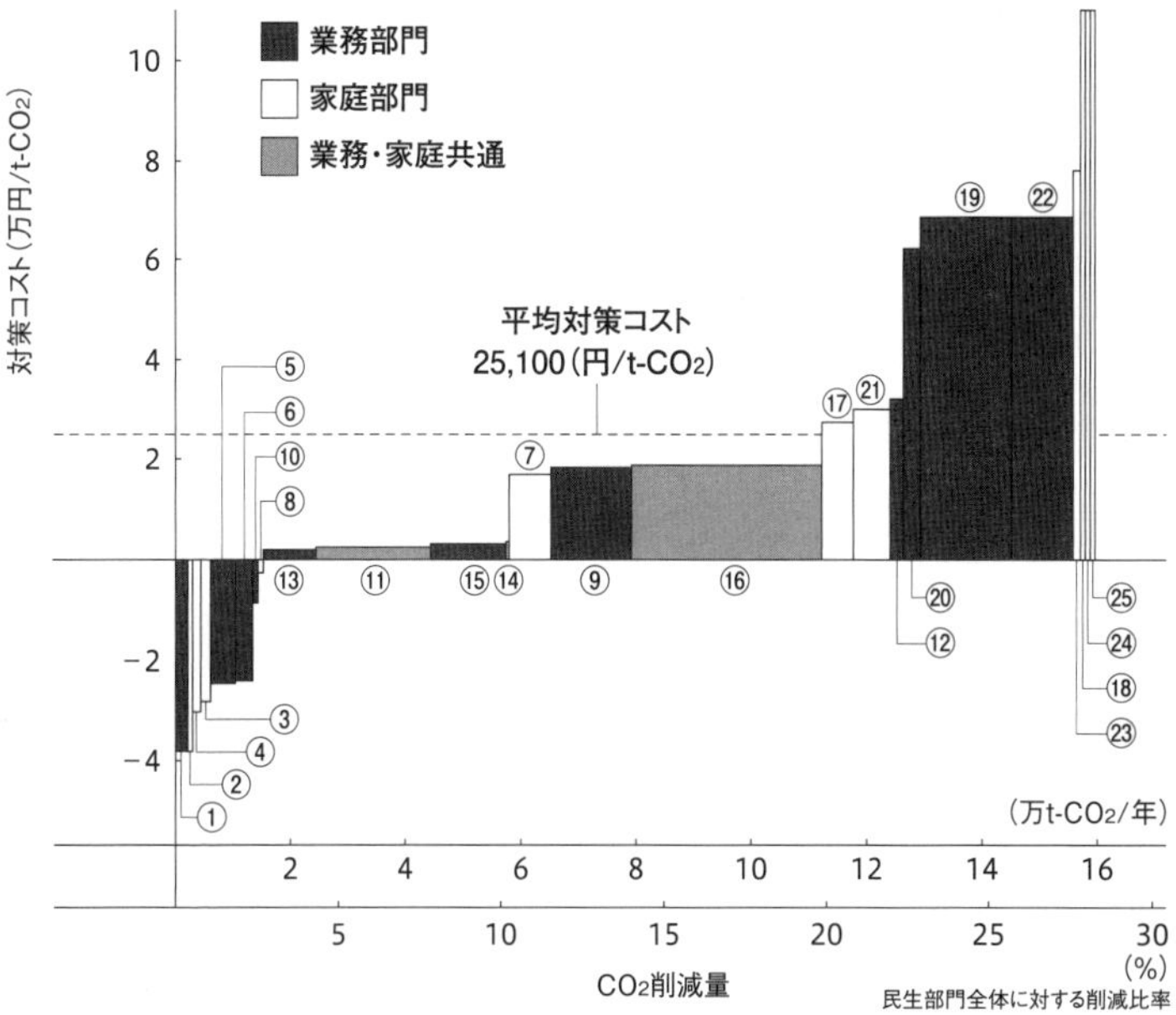

①[業務]ワークスタイルの変更
②[家庭]ライフスタイルの変更
③[家庭]照明の効率化等
④[家庭]冷暖房効率化
⑤[業務]照明の効率化等
⑥[業務]空調機器の効率向上
⑦[家庭]太陽熱利用給湯
⑧[家庭]HEMS導入
⑨[業務]動力他の高効率化
⑩[業務]業務用コジェネレーション
⑪[業務・家庭共通]一括受電+大規模コジェネ
⑫[業務]高効率給湯器
⑬[業務]太陽熱利用
⑭[業務・家庭共通]木質バイオマス
⑮[業務]BEMS導入
⑯[業務・家庭共通]清掃工場廃熱利用
⑰[家庭]家電製品の効率化
⑱[家庭]高効率給湯器
⑲[業務]新築建築物の高断熱化
⑳[業務]太陽光発電
㉑[家庭]家庭用コジェネレーション
㉒[業務]既存建築物断熱改修
㉓[家庭]太陽光発電
㉔[家庭]新築住宅断熱化
㉕[家庭]既存断熱リフォーム

図16　投資回収年数の延長とNEBの両者を考慮した限界削減費用曲線[13]
（ケーススタディー3）

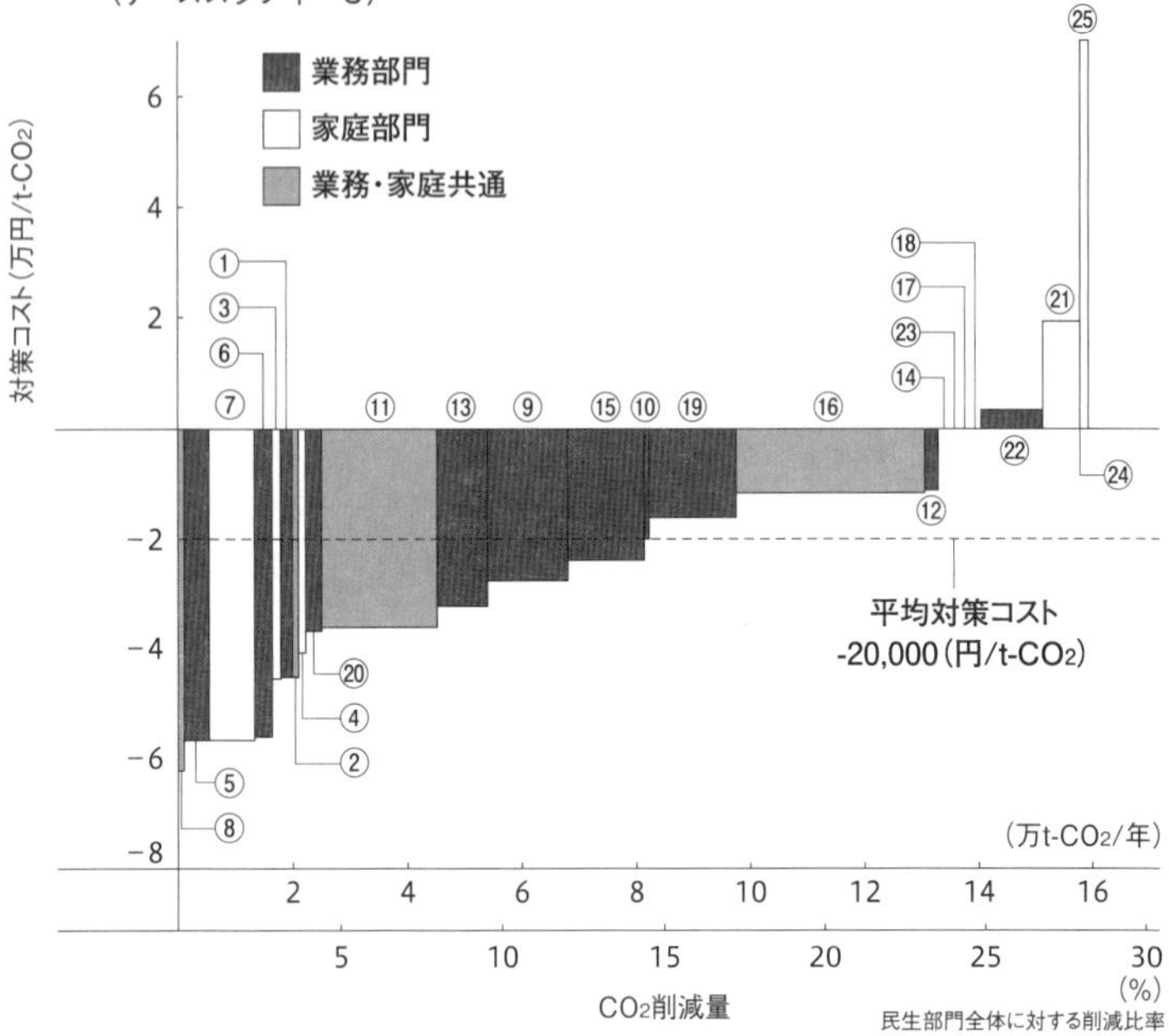

①［業務］ワークスタイルの変更
②［家庭］ライフスタイルの変更
③［家庭］照明の効率化等
④［家庭］冷暖房効率化
⑤［業務］照明の効率化等
⑥［業務］空調機器の効率向上
⑦［家庭］太陽熱利用給湯
⑧［家庭］HEMS導入
⑨［業務］動力他の高効率化
⑩［業務］業務用コジェネレーション
⑪［業務・家庭共通］一括受電+大規模コジェネ
⑫［業務］高効率給湯器
⑬［業務］太陽熱利用
⑭［業務・家庭共通］木質バイオマス
⑮［業務］BEMS導入
⑯［業務・家庭共通］清掃工場廃熱利用
⑰［家庭］家電製品の効率化
⑱［家庭］高効率給湯器
⑲［業務］新築建築物の高断熱化
⑳［業務］太陽光発電
㉑［家庭］家庭用コジェネレーション
㉒［業務］既存建築物断熱改修
㉓［家庭］太陽光発電
㉔［家庭］新築住宅断熱化
㉕［家庭］既存断熱リフォーム

図17　投資回収年数の延長とNEBの組み込みによる限界削減費用の改善

限界削減費用の算定条件	限界削減費用の平均値
ケーススタディー１（図15） （短い投資回収年数）	＋25,100円/t-CO_2
↓	
ケーススタディー２ （長い投資回収年数）	＋6,700円/t-CO_2
↓	
ケーススタディー３（図16） （さらにNEBの組み込み）	－20,000円/t-CO_2

２・５万円である。

２番目のケーススタディー２（図の掲載は省略）では投資回収年数がケーススタディー３と同様、長めに設定されている。限界削減費用の平均値は６７００円でケーススタディー１に比べ、大幅に小さくなっている。

図16のケーススタディー３では、限界削減費用分析にＮＥＢを組み込み、さらに投資回収年数をケーススタディー２と同様に延長した分析事例である。２つの取り組みにより、限界削減費用は大幅に低下し、平均対策コストは約マイナス２万円となる。すなわち対策を実施すればコストが発生するのでなく、逆に便益が発生する。

このように投資回収年数の設定やＮＥＢの組み込みは対策コストの算定において極めて重要である。以上のように地域スケールのエネルギー利用においても新しい価値観としてのＮＥＢ導入の効果は大きく、面的エネルギー利用のパラダイムシフトをもたらすものである。

[1] ①Global Footprint Network（2009）『GLOBAL FOOTPRINT NETWORK ANNUAL REPORT』, ②UNDP（United Nations Development Programme）（2009）『Human Development Report2009』より作成

[2] H・D・ソロー著　神吉三郎訳（１９７９）『森の生活：ウォールデン』岩波書店

[3] アントン・シュナイダー、石川恒夫訳（２００３）『バウビオロギーという思想』建築資料研究社

[4] エイモリー・ロビンス著　室田泰弘、土屋浩紀訳［ソフト・エネルギー・パス］１９７７

[5] WEF（World Economic Forum）（2008）『SlimCity（https://members.weforum.org/pdf/ip/ec/SlimCity.pdf）』

[6] 北九州市（２０１２）『ＯＥＣＤバックグランドレポート』

[7] 高橋龍太郎（２０１１）「高齢者の入浴事故」公衆衛生75巻８号

[8] 伊香賀俊治、江口里佳、村上周三、岩前篤、星旦二他（２０１１）『健康維持がもたらす間接的便益（ＮＥＢ）を考慮した住宅断熱の投資評価』日本建築学会環境系論文集、Vol.76, No.666, 2011.8

[9] ①D.P.Wyon（2004）『The effects of indoor air quality on performance and productivity』Indoor Air Vol.14, ②O.Seppanen, W.J.Fisk, E.Faulkner（2005）『Control of Temperature for Health and Productivity in Offices』Proceedings of ASHRAE Annual Meeting 2005, その他に基づく

[10] 伊香賀俊治（２０１２）『企業経営層の知的生産性向上に対するオフィス賃料追加支払意思』びるぢんぐ№３１２、社団法人日本ビルヂング協会連合会

[11] 多和田友美、伊香賀俊治、村上周三、内田匠子他（２０１０）『オフィスの温熱環境が作業効率及び電力消費量に与える総合的な影響』日本建築学会環境系論文集、Vol.75 No. 648, 2010.2

[12] 内閣官房都市再生本部事務局、国土交通省、資源エネルギー庁（２００５）『エネルギーの面的利用の促進について』

[13] 一般社団法人日本サステナブル建築協会（２０１０）『カーボンマイナス・ハイクオリティタウン調査 報告書』

[14] 工月良太、伊香賀俊治、村上周三（２０１０）『エネルギーの面的利用がもたらす間接的便益（ＮＥＢ）に関する研究―ステークホルダーの多面的便益の抽出とその配分に関する研究』日本建築学会環境系論文集、Vol.75, No.653, 2010.7

[15] Mckinsey & Company（2009）『Pathways to a Low-Carbon Economy Version 2 of the Global Greenhouse Gas Abatement Cost Curve』

[16] 工月良太、伊香賀俊治、村上周三他（２０１０）『エネルギーの面的利用がもたらす間接的便益（ＮＥＢ）に関する研究（その２）広域的なエネルギーの面的利用における低炭素化対策の限界削減費用の評価』日本建築学会環境系論文集、Vol.75, No.656, 2010.10

第3章

スマート&スリム化による
未来都市構想と市民・自治体の役割

1　未来都市構想におけるスマート化とスリム化の必要性

第1章で紹介したように、21世紀は都市の時代である。世界の都市人口の増加は急速で、２０５０年には全人口の70％が都市に居住すると予測されている。増加は特に発展途上国で著しい。また、都市で消費されるエネルギーは既に全体の60～70％を占めるに至っており、都市におけるエネルギーの消費密度（面積当たり）は高い。

第2章で、大量消費型文明の見直しに向けて環境負荷の削減と環境品質の向上を推進するため、スマート化とスリム化の必要性について述べた。都市人口が増加し、都市の経済活動が一層活発になることに連動して、都市が発生する大きな環境負荷Ｌ（Load）と都市生活の環境品質Ｑ（Quality）、いわゆるＱＯＬ（Quality Of Life）の低下が特に発展途上国の諸都市において深刻化してきた。この現状を踏まえて未来都市を構想するならば、低環境負荷化文明を目指すスマート化、スリム化は特に都市において重要である。さらに、スマート化とスリム化が提供する各種の新しいサービスは、都市生活におけるＱＯＬの向上やそれに支えられた新しい都市文明の実現をもたらすことになるものと期待される。

1・1 スマート化

　スマート化という用語が頻繁に使われるようになった背景として、第2章でも述べたようにスマートグリッドを指摘することができる。21世紀に入って建築／都市における電力エネルギーの供給サイドと需要サイドを情報技術を介して連結させ、信頼性や効率性を向上させる次世代送配電網がスマートグリッドと呼ばれ、広く話題を集めるようになった。すなわち〝スマート〟という言葉の当初の意味は、情報通信技術を使って電力エネルギー需給のマネジメントを〝賢く行うこと〟と受け止めておけばよい。スマートグリッドの導入の目的は適用される地域や国の事情によって異なるが、導入の効果として双方向性、効率性、供給安定性の向上などを指摘することができる。

　スマートグリッドの「スマート」の部分が独立・拡大し、環境・エネルギーと情報を融合させる技術としての「スマート化」という概念が現れた。例えば、スマート化された住宅、すなわちスマートハウスの基盤技術として、①需要サイドのスマートメーター、情報化された設備・機器、②供給サイドのスマートグリッドや、③これらを有効活用するためのダイナミック・プライシングなどの社会システムなどを挙げることができる。

「スマート化」という概念は、環境・エネルギーの情報統合からさらに拡張されて広く社会インフラに関わる情報統合までに及び、新しいサービスや付加価値を提供するものに進化しつつある。スマートハウス／ビル、スマートコミュニティ、スマートシティなどの用語も頻繁に使われるようになった。後ほどスマートハウスの概念を図３に紹介するが、そこではエネルギーの最適制御に止まらず、それ以外の様々の新しい生活サービスや付加価値の提供がなされる。スマート化による幅広い情報統合は新しい都市生活、新しい都市文明を創出するキーテクノロジーと位置づけられる。すなわちスマートシティにおけるスマート化は、後述の図４に示すように住宅／ビルに限らず、都市を構成する各種のソフト、ハードのインフラに対して幅広く適用される情報の統合化技術で、その行き着く先は「スリム化」と重なる部分も多い。

建築・都市のスマート化において現在の日本は海外諸国に遅れをとる状況にある。これは環境・エネルギー面における日本の弱点となるもので、その影響は日本の社会・経済システム全体にまで及びかねない。原発事故にともなう電力供給の危機を奇貨として、この際一気にスマート化の普及を図るべきである。未来都市構想のねらいの一つとして今後の主要な経済政策の一つとなる都市インフラ全体の輸出を挙げることができるが、スマート化の遅延は日本の産業政策推進の大きな障害になりかねないものである。

1・2 スリム化

スリム化は既に述べてきたように20世紀の大量消費型文明の破綻を受けて必然的に現れる概念

で、持続可能文明の構築に向けた価値観転換の運動と位置付けられる。エコやソフト・エネルギー・パスなど、広い意味でのスリム化の歴史的経緯や価値観転換の事例については、第2章で解説した通りである。産業革命を先導してきた英国等では、既に19世紀ころから都市環境の悪化が大きな社会問題となっていた。このように、大量消費型文明の歪が集約的に現れるのは都市であるから、日本社会の未来の構想においてスリム化が最も強く求められているのが都市であるといえる。前述のようにＷＥＦ（World Ecomomic Forum）は２００８年に「スリムシティ」の概念を提案している。

未来都市構想において、スリム化は過剰な物質的消費を抑制する考え方やライフスタイルに基づいて、環境負荷の少ない都市をつくり、価値観の転換を通して都市生活におけるＱＯＬの向上を図る運動と位置づけている。都市にかかわるスリム化運動の具体的事例として、第5章で示すように「ＣＡＳＢＥＥ都市」による都市の環境性能評価を指摘することができる。すなわちスリム化は、高炭素型の都市生活から低炭素型の都市生活への転換を実現するキーコンセプトといえる。

2　未来都市構想の背景としてのエネルギー革命と情報革命

多くの国々において、地球環境問題の深刻化とともに、都市が発生する巨大な環境負荷の削減が重要な政策課題となってきた。この問題の克服による社会・経済の活性化を目指して都市の未来の構想を描く動きが盛んである。その背景の特に注目すべき動向として、エネルギー革命と情報革命を指摘することができる。スマート化は両者を結びつけるもので、これが未来都市構想の技術的基盤となる。これに加えて、低負荷文明に向けた価値観の転換を目指すスリム化が思想的基盤となる。

2・1 エネルギー革命

3・11の原発事故以降、従来のものとは異なる多くのエネルギー問題が新たに顕在化し、エネルギー革命とも呼ぶべき状況が出現している。

核エネルギーの利用縮減は避けられない方向となり、これに連動して化石エネルギー利用は削減から増加の傾向となる。一方で、低炭素化の強い国際的要請は依然として存在する。従来の図式のままでは、低炭素化と核エネルギー利用縮減はトレード・オフの関係になる。これを回避するため、一層の省エネ、再生可能／分散型エネルギー利用促進や天然ガスシフトという目標が打ち出された。それを支える外的要因としてシェールガスの開発による天然ガス資源の需給緩和という側面が指摘される。

このような状況の中で、スマート化に支えられたエネルギー需給におけるイノベーションの進展が具体化している。

2・2 情報革命

インターネットに代表される情報技術「ＩＴ」は、既に生活・文化、産業・経済、行政等へ深く浸透している。スマート化は建築・都市において情報技術を活用したエネルギー需給の最適化としてスタートしたものである。スマート化がもたらす「双方向化」、「効率化」、「ネットワーク化」等により最適化が実現される。スマート化は今後都市インフラ全体に関わる情報統合の基幹的ツールとして幅広く活用されるものと予想される。すなわち、ＩＴこそがこれからの超省エネ社会をはじめとする脱物質文明の構築を支える基盤技術になる。

未来都市構想においては、エネルギー革命と情報革命という2つのメガトレンドを積極的に活用して、持続可能な都市の基盤を整備していかなければならない。そこでキーとなる技術や思想がスマート化とスリム化である。

3　都市におけるエネルギー利用の今後の方向とスマート化

未来都市を構想するに際して最も重要な課題の一つが都市におけるエネルギー需給、ならびにその延長としての低炭素化問題である。特に原発事故後この問題の重要性、緊急性が高まった。ここでは、都市の民生用エネルギーの需給の動向や目指すべき方向について考察する。

3・1　増加する民生用エネルギー

第1章の図4に示したように、民生用（民生家庭と民生業務の合計）エネルギー消費は、国を挙げた省エネの努力にもかかわらず1997年の京都議定書採択以降も大幅な増加を示してきた。リーマンショックという経済不況の影響もあり増加傾向にいったん歯止めがかかったが、経済状況の回復とともに増加傾向が復活しそうな不安定な状況にある。従来、省エネ対策は主として建物単体を対象にして推進されてきたが、一層の省エネを図るためには、建物単体のみに着目した対策手法だけでは限界にきているといえる。

3・2 建物単体から地域／都市スケールの省エネへ

建物単体の対策は当然従来以上に進めなければならないが、一層の省エネを達成するため街区／地域／都市スケールにまで広げた対策が求められる。これを支える技術としてスマート化を指摘することができる。スマートグリッド／スマートシティやＣＥＭＳ（Community Energy Management System）など、従来の地域冷暖房の枠を超えたエネルギーの面的利用における技術面のパラダイムシフトを推進すべきである。

3・3 集中型システムと分散型システム

再生可能エネルギーの全量買い取り制度の本格的スタートを受けて、今後はエンドユーザーの需要のみに着目した一方向の対策から、需要・供給の両サイドに着目した双方向の対策が必要とされることになる。これは集中型システムから、集中型と分散型が共存するシステムへの移行ということとセットになる。集中型と分散型が共存する双方向の需給システムの出現は、消費者の省エネマインドを刺激し、消費者の主体的な省エネ行動への参加を促すことになり、省エネの新しい可能性を提供することになる。

キーワード

これから迎えることになる都市の新しいエネルギー文化におけるキーワードは、「スマート化」「面的利用」「節電型」「再生可能型」「分散型」「ネットワーク型」「消費者参加型」などである。以上の動向をまとめて図1に示す。

上述した都市におけるエネルギー利用の今後の方向に沿って、集中型システムとローカルな分散型システムの連携が進展し、都市のエネルギー需給を支える新たなコンセプトのインフラの整備が促進されることになる。これをモデル化して図示すれば図2のようになる。このようなインフラはスマート・エネルギー・ネットワークとも呼ばれる。図2においてローカルな電力・熱の需給システムでは、再生可能エネルギーだけでなく清掃工場廃熱などオンサイトの未利用エネルギーを柔軟に受け入れるなど、コミュニティに密着したエネルギー供給の自立を支援する取り組みが加速されると予想される。このようなローカルシステムは、地域の省エネに対する住民の参加意識を高め、住民の主体的な省エネマインドを刺激するものである。これは災害時、非災害時を問わず、コミュニティにおける社会的連帯感を向上させ、地域の活性化に貢献するものと考えられる。

このようなローカルな電力・熱需給を含む双方向型システムを実現するためには、前述のスマートグリッドやスマートハウス／ビルなどスマート化技術の活用が不可欠である。

図１　都市におけるエネルギー利用の今後の方向

- 歯止めのかからない民生用エネルギー消費量の増加と、
  建物単体のみに着目した対策手法の限界
  →原発事故後に要求される一層の省エネ（節電）
- 建物単体の対策から街区／地域／都市スケールの対策へ
  →スマートグリッド、スマートコミュニティ 等
- 需要サイドのみに着目した一方向の対策から、
  需要・供給の両サイドに着目した双方向の対策へ
- 現在一般的な集中型システムから、集中型と分散型が共存するシステムへ

⬇

「スマート化」「面的利用」「節電型」「再生可能型」「分散型」
「ネットワーク型」「消費者参加型」のエネルギー文化の進展

図２　スマートシティ／スリムシティにおけるエネルギーシステム：
　　　再生可能エネルギー利用と集中型／分散型の共存

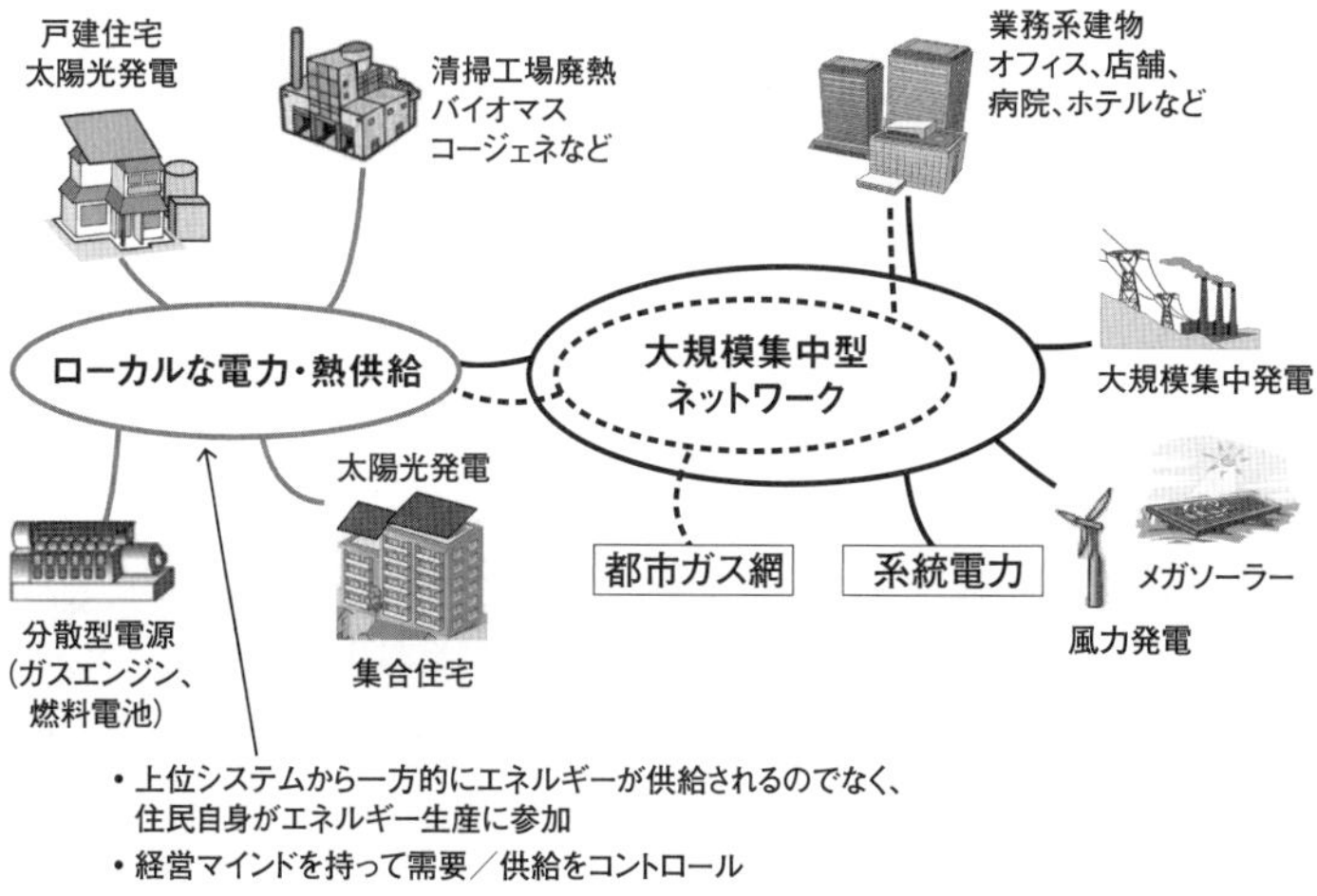

4　スマート化とスリム化が住宅／都市にもたらす新しいサービス

大量消費型文明の見直しに向けた環境負荷の削減と環境品質の向上を、スマート化&スリム化という新たな理念の下に推進することは、住生活や都市生活に各種の新しいサービスを提供する。スマート化がもたらす新しい情報サービスは環境・エネルギーに関わる多くの側面で既に顕在化しつつある。スリム化による価値観の転換がもたらす各種の便益・サービスについては第2章で紹介した。

4・1　スマート化

1節で述べたように、スマート化は建築・都市における情報技術活用のイノベーションをもたらすものであるから、情報化に伴う様々の新しいサービスが建築・都市に対して提供される。その動きは急で、スマートハウスの住宅分野やスマートコミュニティの都市計画分野など、いろいろな側面で具体化しつつある。そしてそのサービスはネットワーク化、システム化によって一段と高度化される。ネットワーク化、システム化の具体的イメージや新しいサービスの事例がスマートハウスとスマートシティを例にして、後述の図3、図4に示されている。

スマート化技術の普及により情報革命は一層深化し、新しい都市基盤整備のためのハード系インフラとソフト系インフラにおける情報処理の統合化を促進する。ハード系インフラとしてはエネルギー（電力・熱）、水、廃棄物、交通等が挙げられ、ソフト系インフラとしては行政、産業・経済、医療・介護・福祉、教育・研究等を挙げることができる。このようなハード系インフラとソフト系インフラの融合が未来都市構想の中核となる理念である。

4・2 スリム化

　スリム化は低環境負荷の建築／都市やそれらを踏まえた環境負荷の少ないライフスタイルの実現に向けた価値観の転換と位置づけられるから、価値観転換に伴って新しいサービスが提供される。この場合の新しいサービスは、我々が馴染んでいるスマート化における情報化がもたらすサービスとはかなり趣を異にする。一般的に価値観の転換は同時に新たな価値を創出するが、新しい価値は価値観の転換後でないと顕在化しにくい。新たな価値が提供する新しいサービスを〝見える化〟することは、スリム化の推進における重要な作業である。第2章において、断熱向上がもたらす健康増進などいくつかの多面的便益の事例について紹介した。価値観の転換はしばしばこのような新たな多面的便益を提供する。多面的便益は新たなサービスの提供そのものである。

　第1章において、スリム化の理念の具体的事例としてバナキュラー住宅やエコハウスについて紹介した。これらの住宅で活用される機械的エネルギーに頼らないパッシブ技術は、いわばパッシブ型のサービスを提供しているといえる。このように視点を変えれば、スリム化がさまざまの新しいサービスを提供するポテンシャルを秘めていることが理解される。このポテンシャルを〝見える化〟することは省エネ活動に対する消費者の主体的参加を促すもので、環境意識の高い消費者を育てることにつながる。その流れの中で次節に述べるプロシューマーが誕生することになる。

すなわち、スマート化&スリム化がもたらす新しいサービスや便益を〝見える化〟して将来展望として示すことは、持続可能な文明構築を目指す未来都市構想において不可欠の作業であり、本書の主要な課題である。

4・3 スマートハウスが提供する新しい生活サービス

住宅やビルのエンドユーザーをスマートグリッドに結びつける窓口がスマートメーターである。スマートハウス／スマートビル実現のためには、スマートメーターは不可欠であり、環境意識の高いユーザーであるプロシューマーが活躍するためにはスマートハウス／スマートビルが不可欠となる。スマートメーターには、単純なものから高度な機能を備えたものまで各種あるが、後者は現在既に開発されているエネルギーマネジメントシステムであるＨＥＭＳ（Home Energy Management System）やＢＥＭＳ（Building Energy Management System）の機能も併せ持つものとなる。

「スマートハウス」では、住宅内の①空調機器、②給湯機器、③家電製品、④太陽光発電などの創エネ機器、⑤電気自動車、⑥家庭用蓄電池、⑦セキュリティー関連機器等の設備・機器がスマートメーターを介して連結され、新しい省エネ・創エネ・蓄エネサービスや生活サービスが提供される。これらのサービスは電力系統・都市ガス網・情報通信などの上位のネットワークとの連携により支えられている。一つひとつの技術は特に目新しいものではないが、これらを一つのシステムとして統合し、安価に供給する点にパラダイムシフトが生まれる。スマートハウスに対しては、幅広いサービスの提供が期待されており、これらをエネルギー、環境、社会の側面から整理し、モデル化して図3に示す。

スマートハウスにおける住居内のサービスを具体的に列挙すれば以下のようになる。

- 省エネ・創エネ・蓄エネを含む住宅全体でのエネルギー最適制御
- 省エネ行動を見える化し、これを推進するサービス
- グリーン電力・熱の生産・売買支援
- 見守り／ケアサービス
- 設備／機器のトレーサビリティー支援
- 安心／安全／防災系サービス　等

これらのサービス技術は汎用性が高く、医療・介護、教育、交通・物流、金融など、都市づく

図3　スマートハウスが提供する新たな生活サービス

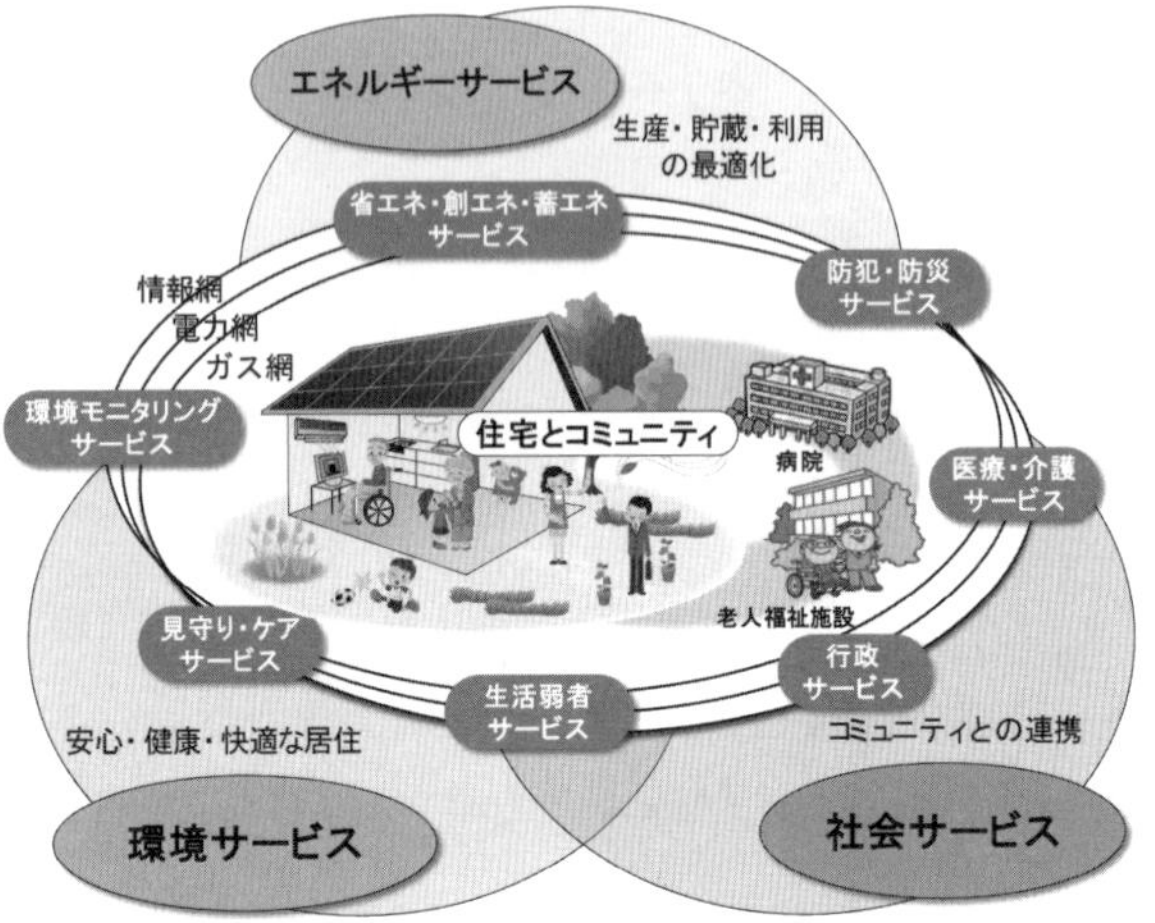

図4　スマート化／スリム化された未来都市のシステム構成[1]

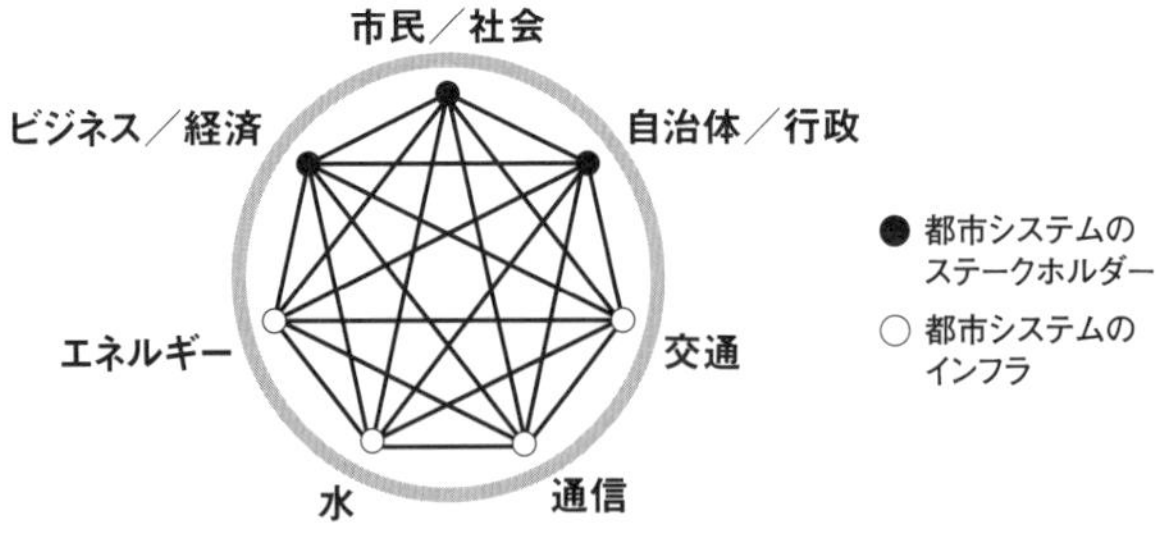

- ステークホルダーとインフラの連携による、
  都市システムの高機能化、相互接続化、インテリジェント化、スリム化
  →System of systems
  →生活サービスのパラダイムシフトへ
- 主役としての消費者の能動的参加
  →住みたいまち、活力あるまち

りの多くの分野で利用可能なものである。

4・4 スマートシティにおける統合化された都市インフラ

多くの国々がスマートシティ等を掲げて都市をエンジンとした国の活性化を目指している。日本政府の主導で推進されている「環境モデル都市」、「環境未来都市」などのプロジェクトもこの流れに沿うものである。環境・エネルギーと情報技術の融合という大きな流れの中で、留意すべきことは、環境・エネルギー・情報という３つのキーワードに基づくスマート化の概念が大きく拡張されることである。都市が提供するサービス全体を支える行政インフラ、交通インフラ、エネルギーインフラ、情報インフラなど、各種のハード／ソフトの都市インフラ全体の統合を目指す新しい動きが顕著になりつつある。都市における統合的情報基盤の整備は、すぐれた資本、人材を自律的に誘引し、知識情報集約型のクリエイティブな都市へ導くものとなる。このような情報統合こそは未来都市の中核となるもので、都市計画のパラダイムシフトと呼ぶにふさわしい革命的な変化をもたらすものである。未来都市構想で実現が予想されるステークホルダーと都市インフラの統合によるスマートシティ／スリムシティのシステム構成を図４に示す[1]。

このパラダイムシフトの流れをいち早く捉えたアラップ（英国）、シーメンス（ドイツ）、ＳＷＥＣＯ（スウェーデン）などを中心とする欧米の先進企業は、都市の基本計画を含め、ソフト、ハードのパッケージ輸出を目指す活動を世界的視野で展開している。日本でも電気・情報系の企業を中心にこの動きが活発化しつつある。

5　スマート&スリム化時代の消費者動向

5・1　エネルギー需給における消費者参加の進展とプロシューマーの誕生

従来、エネルギー事業者と消費者の関わりは非双方向的であった。それはエネルギー事業者の力が強く、価格を含む供給システムに対してほとんど一方的決定権を持っていたからである。しかし、エネルギー革命／情報革命や再生可能エネルギー全量買い取り制度の実施などによりこの構図が大きく変わる気運にある。原発事故にともなう電力供給危機がこの動きに拍車をかける結果となった。

このような動きの中で、最も注目すべきは、プロシューマー（エネルギーの produce と consume の造語）の誕生である。ヨーロッパでは広い意味での省エネにおいて、プロシューマーの活躍に大きな期待が寄せられている。プロシューマー誕生の背景として、市民社会における環境意識の高まり、再生可能エネルギー買い取り制度などの経済的インセンティブ、分散型エネルギーシステムなどのハードインフラの普及などをあげることができる。プロシューマーは家庭用に限らず業務用を含む民生分野で幅広く誕生するものと予想される。プロシューマーを育てるための技術的基盤として、①スマートメーターとスマートグリッド、②HEMS、BEMS、CEMS、③再生可能エネルギー利用、④分散型電源などを挙げることができる。

プロシューマーの具体的な行動として次のようなものが指摘される。

- 自らのエネルギー消費の効率的管理
- 自家発電余剰分の売買
- エネルギー供給事業者の比較と選択　等

上記のようなプロシューマーの行動パターンは、消費者サイドにおける経営マインドを育てるとともに環境意識を高め、社会全体としての幅広い省エネ活動を推進するものとなる。図２に示したローカルなエネルギーネットワークの誕生はプロシューマーの活躍を支援することになる。プロシューマーの養成は、スマート化／スリム化された未来都市構想において重要な課題である。

図5　エネルギー利用に関する消費者行動の分類

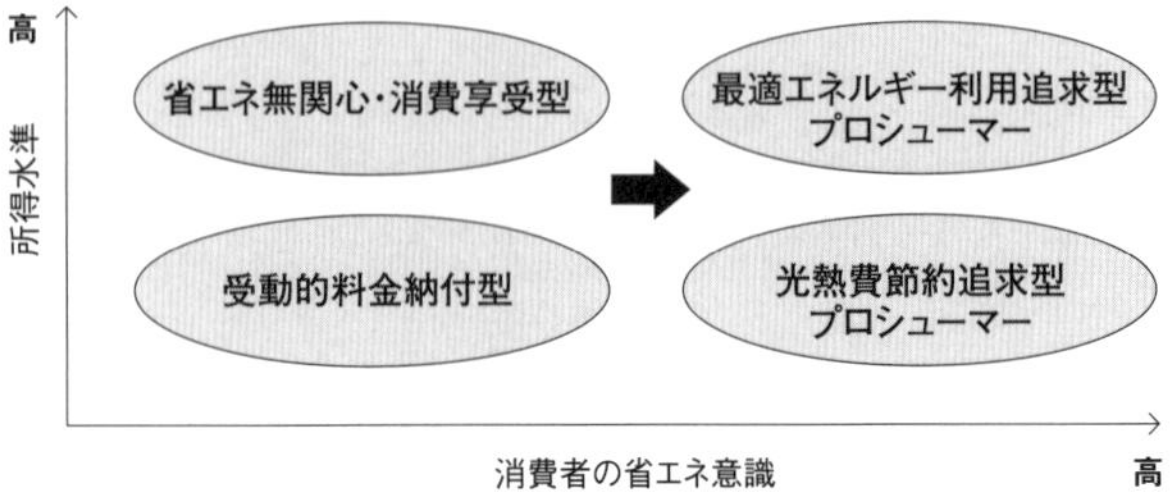

5・2　エネルギー利用に関する消費者行動の分類

消費者のエネルギー利用の行動を決定する2大要因は、省エネに対する消費者の意識（自主性）と所得水準（可処分所得）である。消費者の省エネ意識と所得水準に基づいて、消費者の行動パターンを分類すれば、図5のようになる。

図5の左側の2つの楕円が従来型の消費者を指す。本人の意欲もさることながら、エネルギー供給／需要をめぐる社会システムそのものが意欲ある消費を育てる仕組みに欠けていたといえる。我々は今後、消費者を図の右側の楕円に誘導しプロシューマーを育てていかなければならない。一層の低炭素化、省エネのためには、プロシューマーを組織的に育てるために社会システムの整備が求められる。節電意識の高まっている現在は、そのための絶好のチャンスであるといえる。このような消費者行動の変化はエネルギー関連産業にも構造的変化をもたらすものと推定され、それが日本全体のエネルギー産業政策によい影響をもたらすことが期待される。

6　スマート＆スリム化に向けた市民と自治体主導の低炭素化

6・1　なぜ市民と自治体主導の低炭素化か？

省エネ性能に優れた建築や都市をつくっても、市民がエネルギーをジャブジャブ使用したのでは省エネの実効は期待できない。省エネ運動において、消費者の行動、関心に留意することは成果をあげるための出発点といえる。いかにして市民の意識を高炭素型のライフスタイルから低炭素化型のライフスタイルへ誘導するかがキーポイントなる。

前節において、これからの省エネ運動を担うキープレイヤーとしてのプロシューマーの重要性について述べた。建築・都市分野の省エネ推進の有力な手法であるスマート＆スリム化の流れの中で、極めて有効な取り組みとして注目されるのが市民と自治体が主導する地域に密着した低炭素化運動である。これにより、プロシューマーを先導役とする市民の間で、先進的な環境意識を涵養することが可能となる。

民生部門のエネルギー消費は市民の生活に直結する部分が多い。したがってこの部門の省エネは、消費者としての市民と行政を担う自治体が連携して進めることが原則となる。この点、自治体は普段から市民と直結した活動を展開しており、市民との協力関係を築きやすい立場にある。さらにその行政の裁量範囲は民生部門のエネルギー消費に対して影響力を発揮しやすい。この仕組みを図6に示す。

図6　自治体主導による低炭素化の推進

なぜ自治体主導の低炭素化か？

- **市民に密着した行政単位**
- **施策の策定・実行の主体**
  →市民の日常生活に直結した目線
- **省エネ／省CO_2政策推進の責務**
- **エネルギーを消費する各主体に対する影響力**
  →特に民生用消費に対して
- **地域のエネルギー安定供給に関する責任**

⬇

自治体による低炭素政策の推進が期待されている

6・2　都市主導の低炭素化に関する世界の先進事例

図6に示されるような自治体が有する省エネや省CO_2推進のポテンシャルを活用して低炭素化に取り組む動きが、欧米の都市を中心に顕著になりつつある。海外の代表的な事例を表1に示す。

1990年初頭から欧州では持続可能な都市を目指す機運が高まり、1994年には多くの自治体関係者がデンマークのオールボーに集い、持続可能な都市の実現を誓う「オールボー憲章」[2]を採択している。18年が経過した現在では2600を超える都市が調印するに至っている。

世界大都市気候先導グループ（C40Cities）[3]の加盟都市は温室効果ガスの削減目標をアクションプランという形で公表している。この他、持続可能性をめざす自治体協議会（ICLEI—Local governments for Sustainability）[4]が中心となって都市の気候変動対策の目標を収集、公表するなどの

表1　海外における低炭素／持続可能都市実現に向けた運動の主要事例

オールボー憲章[2] Aalborg Charter	1994年にデンマークのオールボーで採択された持続可能な都市を目指す宣言
気候変動行動計画[3] Climate Change Action Plans	世界大都市気候先導グループ(C40 Cities)の温室効果ガス削減目標、および行動計画
都市気候カタログ[4] The City Climate Catalogue	COP15において、持続可能性をめざす自治体協議会(ICLEI)が中心となって、都市の気候変動対策の目標を公表
都市監査[5] Urban Audit	欧州委員会地域政策総局、欧州統計局による、都市評価の欧州統一指標の開発を目指す
ヨーロピアン・グリーン・キャピタル[6] European Green Capital	優れた取り組みを実施しているEU域内の都市を環境首都として認定し、そのベストプラクティスを域内で広く共有することを目指す
市長の誓約[7] Covenant of Mayors	欧州委員会による都市間連携による共同推進の仕組み。CO_2削減計画の策定と成果を定期的に報告する枠組みを整備

低炭素都市の実現に向けた運動などもある。この分野の世界の動きは活発である。

　日本でも、次章で詳しく紹介する政府主導の「環境モデル都市」、「環境未来都市」などの事例の他、例えば環境自治体スタンダード[8]やエコタウン事業[9]などの活動が指摘される。前者は環境自治体会議による、自治体が取り組む環境配慮や環境政策を監査するためのガイドラインである。後者は経済産業省、環境省等によるプログラムで、地域産業の振興と資源循環型経済社会の構築を目指すものである。

　このような状況を受けて、環境負荷を減らし、エコシティとして発展

図7　低炭素都市の実現に向けた世界の事例

ロンドン（イギリス）
意欲的な低炭素政策を掲げる都市

コペンハーゲン（デンマーク）
欧州環境首都2014

横浜市、北九州市他11都市（日本）
日本の環境モデル都市

ポートランド（アメリカ）
コンパクトシティを目指す都市

フライブルク（ドイツ）
世界的に有名な環境配慮都市

大連（中国）
過去の公害を克服した都市

を続ける都市や、気候変動問題に積極的に取り組む都市が各地に登場している。低炭素都市の実現に向けて実際に動き出している世界の事例を図7に示す。日本の「環境モデル都市」／「環境未来都市」プログラムや欧州のグリーン・キャピタルプログラムのように国や地域を挙げて低炭素都市の実現を目指す機運が高まっている。

6・3　目標の提示と共有による市民参加の誘導

表1に示すような都市の低炭素化を目指す運動の最大の目的の1つは、将来の低炭素社会の具体的な姿を市民に分かりやすく提示することにある。い

図8　市民と自治体の連携による低炭素化の推進

- **まず最初に、市民に対して、将来の低炭素社会の具体的な姿をわかりやすく提示**
- **達成すべき目標の“見える化”と共有**
  →「環境モデル都市／環境未来都市」の事例
  →市民の意識を“高炭素型のライフスタイル”から“低炭素型のライフスタイル”へ誘導
- **成功事例としての「環境モデル都市／環境未来都市」スキームの全国への波及**
- **低炭素社会への移行の起爆剤**

くら省エネ性能に優れた都市を整備しても、市民がエネルギーを野放図に消費し続ければ省エネ効果やCO_2削減は期待できない。市民の省エネ意識を刺激して高炭素型のライフスタイルから低炭素型のライフスタイルへ誘導する上で、達成すべき目標を示し、都市間で競うことは大変有効である。自治体として目標を市民と共有することは地域社会のアイデンティティーを強化することにもつながり、地域活性化へ導く。このような地域活動における成功事例を国内外へ広く波及させることが、国全体としての低炭素社会への移行を促進する。この仕組みを図8に示す。後述する「環境モデル都市」や「環境未来都市」のプログラムはこのような仕組みを具体化したものである。

6・4　市民の行動パターン

目標像を示した後の課題は、いかにして市民をこのような取り組みに誘導するかである。市民のライフスタイルは多様であり、各々の価値観、倫理観に基づいて様々の行動パターンを示

図9　市民の省エネ行動パターンを決定する仕組み

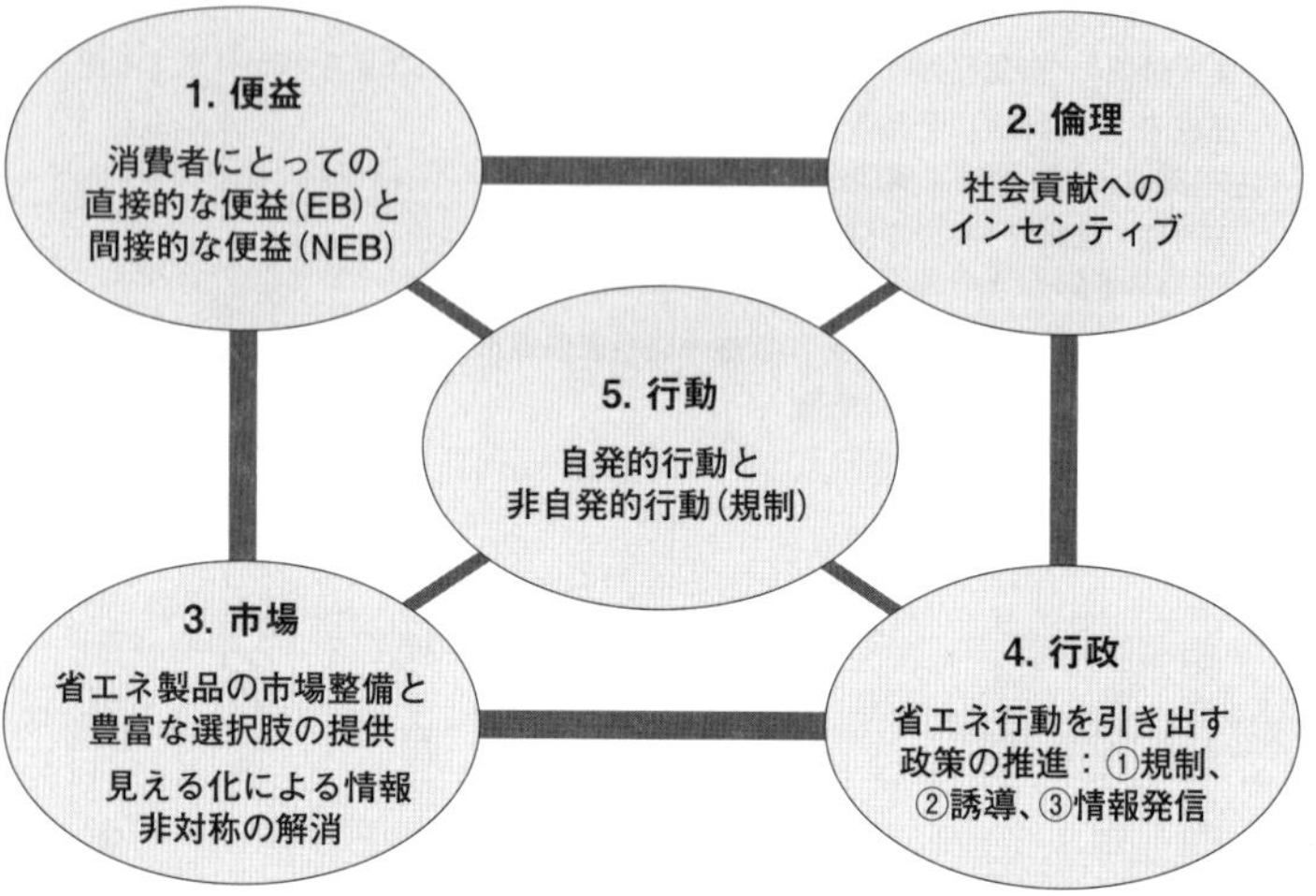

す。市民生活を低炭素型に誘導するためには、市民の多様な価値観を分析し、多様な行動パターンに対応しうる施策を打ち出すことが重要である。

　市民が省エネに向けた自身の行動パターンを決定する仕組みを図9に示す。図9の1と2に示すように、市民が自身の行動を決める主要な動機が便益と倫理である。一般の市民は、倫理的規範の枠内で個人の便益を最大化するように自身の行動パターンを決定する。近年の地球環境問題への関心の高まりに象徴されるように、市民は自身の狭い意味の便益（2章で説明したEBとNEB）の追求だけではなく、社会全体の便益に対しても高い関心を示すようになってきた。社会的便益はそのまま倫理に通じるものであり、倫理的インセンティブの刺激は低炭素社会の実現に向けて非常に重要である。

　個人的便益において、省エネ、省CO_2からもたらされる便益がＥＢ（Energy Benefit）とＮＥＢ（Non-Energy Benefit）である。住宅の断熱性能向上の場合、前者は光熱費削減などの直接的便益を、後者は健康性、快適性、遮音性向上などの間接的便益を指す。スマート化、スリム化を進める際に求められる価値観の転換において、ＮＥＢが重要な役割を果たすことは２章で説明した通りである。

　次に、図９の３に示すように、省エネ行動を促進するための製品や技術の豊富な選択肢を市民に提供するための市場整備が大切である。その際、省エネ技術の見える化や、提供する側とユーザーの間に存在する情報非対称を解消することも重要である。

　最後が、図９の４に示す消費者に対する行政の取り組みである。①規制、②支援・誘導、③情報発信などの行政的アクションを分かりやすく市民へ伝えることが大切である。

　消費者の行動パターンは、図９に示す４つの要素の中心に位置づけられる。これらを連成した取り組みにより、市民の行動パターンを低炭素化に向けて誘導することが可能になる。

６・５　意欲と行動の触発

　図９に示した省エネに向けた市民の行動パターンを視野に入れて、市民の意欲や行動を触発す

図10　市民の意欲と行動を触発する4つの施策[10]

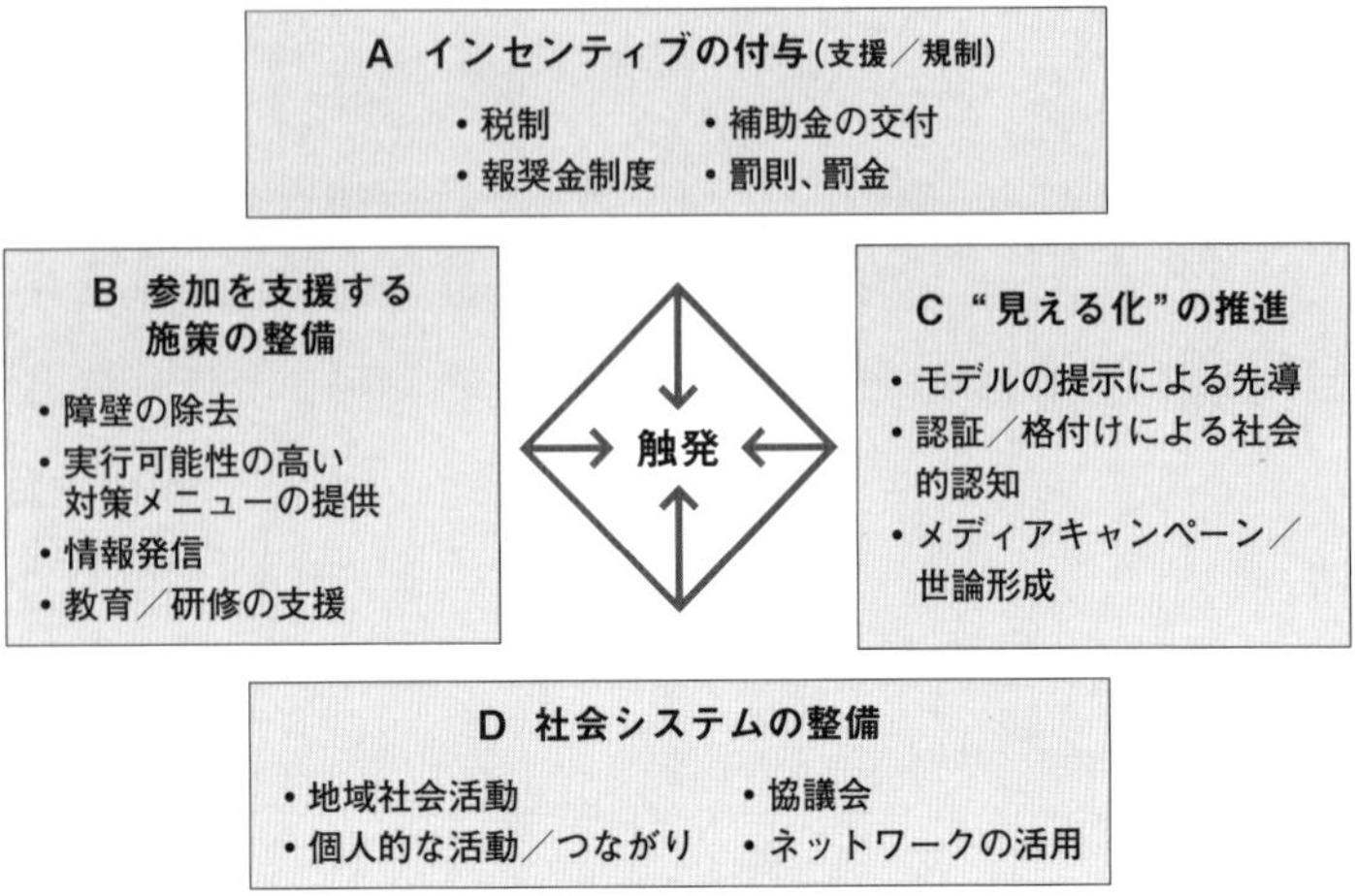

る施策を展開しなければならない。具体的には、図10に示すようなA～Dの4つの施策の推進が提案される[10]。すなわち、〈A 支援や規制等によるインセンティブの付与〉、〈B バリヤーの除去等による参加を支援する施策の整備〉、〈C モデルとなる実例の提示による〝見える化〟〉、〈D 地域活動を含む社会システムの整備〉の4つの施策の統合的推進である。図10に示すような枠組みにより、意欲と行動の〝触発〟に向けて従来の行動パターンからの脱却を促す総合的な政策を提示することができる。

6・6 意欲・行動の分類と施策の選択

図10に示す施策を実効性のあるものにするためには、低炭素社会実現の必要性に対

図11　意欲と行動の6分類[10]

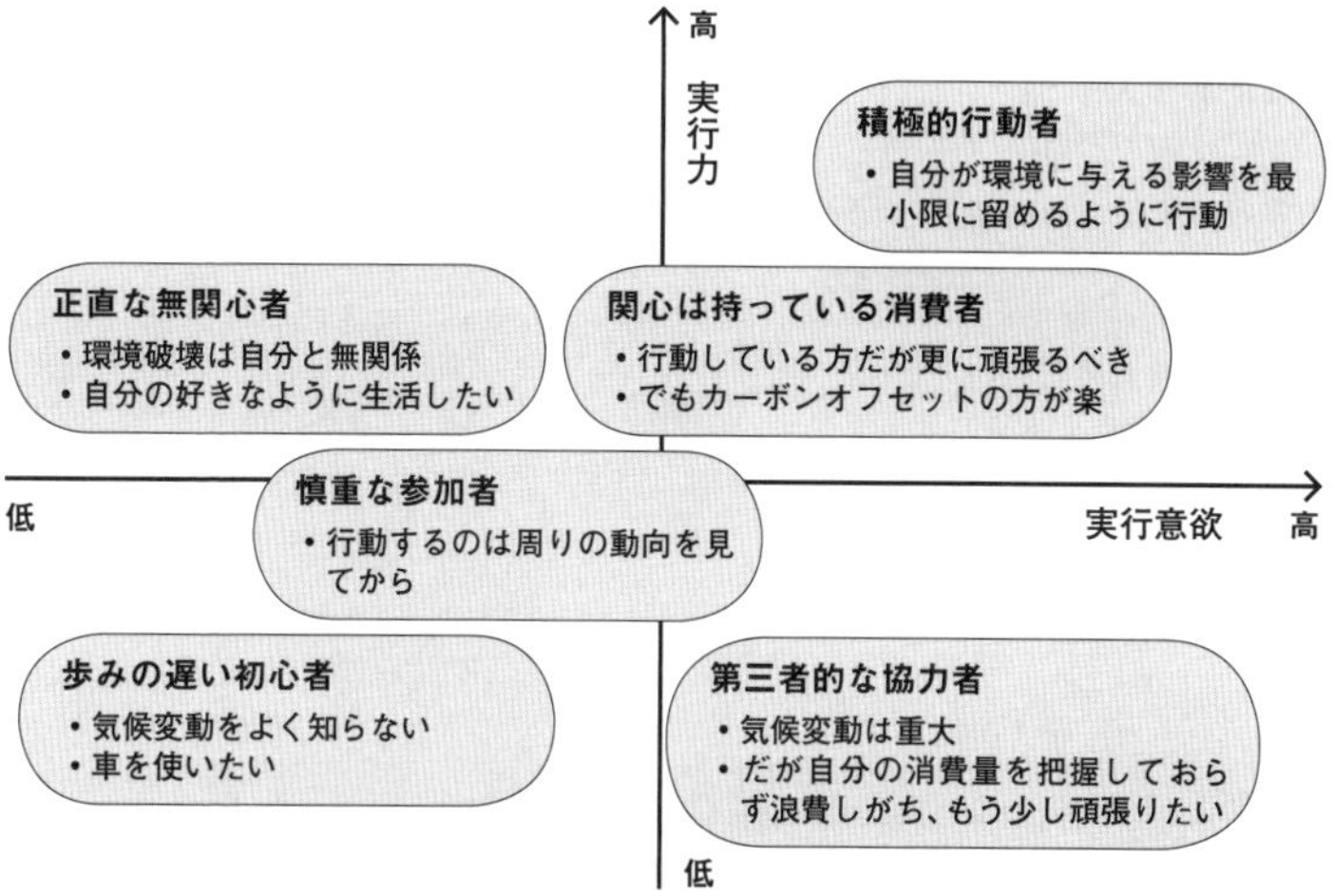
高
実行力
低
低
実行意欲
高
積極的行動者
・自分が環境に与える影響を最小限に留めるように行動
正直な無関心者
・環境破壊は自分と無関係
・自分の好きなように生活したい
関心は持っている消費者
・行動している方だが更に頑張るべき
・でもカーボンオフセットの方が楽
慎重な参加者
・行動するのは周りの動向を見てから
歩みの遅い初心者
・気候変動をよく知らない
・車を使いたい
第三者的な協力者
・気候変動は重大
・だが自分の消費量を把握しておらず浪費しがち、もう少し頑張りたい

する市民の意識レベルを分類し、それに対応した施策展開を図る必要がある。市民の様々な意識や行動特性を、実行力を縦軸、実行意欲を横軸として図11のような6タイプに類型化する試みが示されている[10]。この類型化が政策選択の基盤となる。

図11の類型化から分かるように、市民の意欲や行動のレベルはそれぞれに異なるので、有効な施策もそれに対応して異なる。その方針を図12に示す。意欲的な市民には適切な情報発信と参加機会の提供が有効である。次に、実行ポテンシャルを有する市民には先導的なモデルによる新たな施策オプションの提示と経済的な支援が有効である。しかし意欲が著しく低い市民については、やむをえない選択肢として規制の実施ということを検討する必要があると考えら

図12　市民の意欲に対応した、行動触発のための施策の選択

意欲的な人
- 適切な情報発信と参加機会の付与により様々な省エネオプションを提供

実行ポテンシャルを有する人
- 先導的モデルによる新たな省エネオプションの提示と経済的インセンティブの付与

意欲が著しく低い人
- 各種規制による省エネオプションの提示

れる。

6・7 省エネ建築普及に向けた不動産市場の整備

図9に示す市民の省エネ行動を決定する仕組みの中で、3つ目のポジションを市場が占めている。建物不動産の市場においては、省エネ建築の普及を促進する仕組みの構築が求められている。図13の上図に示すように、省エネ建築の普及の遅延に関して、①所有者・利用者、②設計者・施工者、③投資家・デベロッパーという主要なステークホルダー間の責任転嫁の悪循環のサイクルが指摘されてきた[11]。普及を促進するために、関係者の利害を調整し、悪循環サイクルを図13の下図に示す好循環のサイクルに転換しなければならない。好循環のサイクルに転換するためには、図9の市民の行動パターンに示したように、それぞれのステークホルダーの行動パターンの分析が必要である。好循環のサイクルに向けて、各ステークホルダーがEBやNEBの恩恵にあずかることができるよう、便益共有の仕組み

図13　省エネ建築の普及に向けた好循環の不動産市場の形成[11]

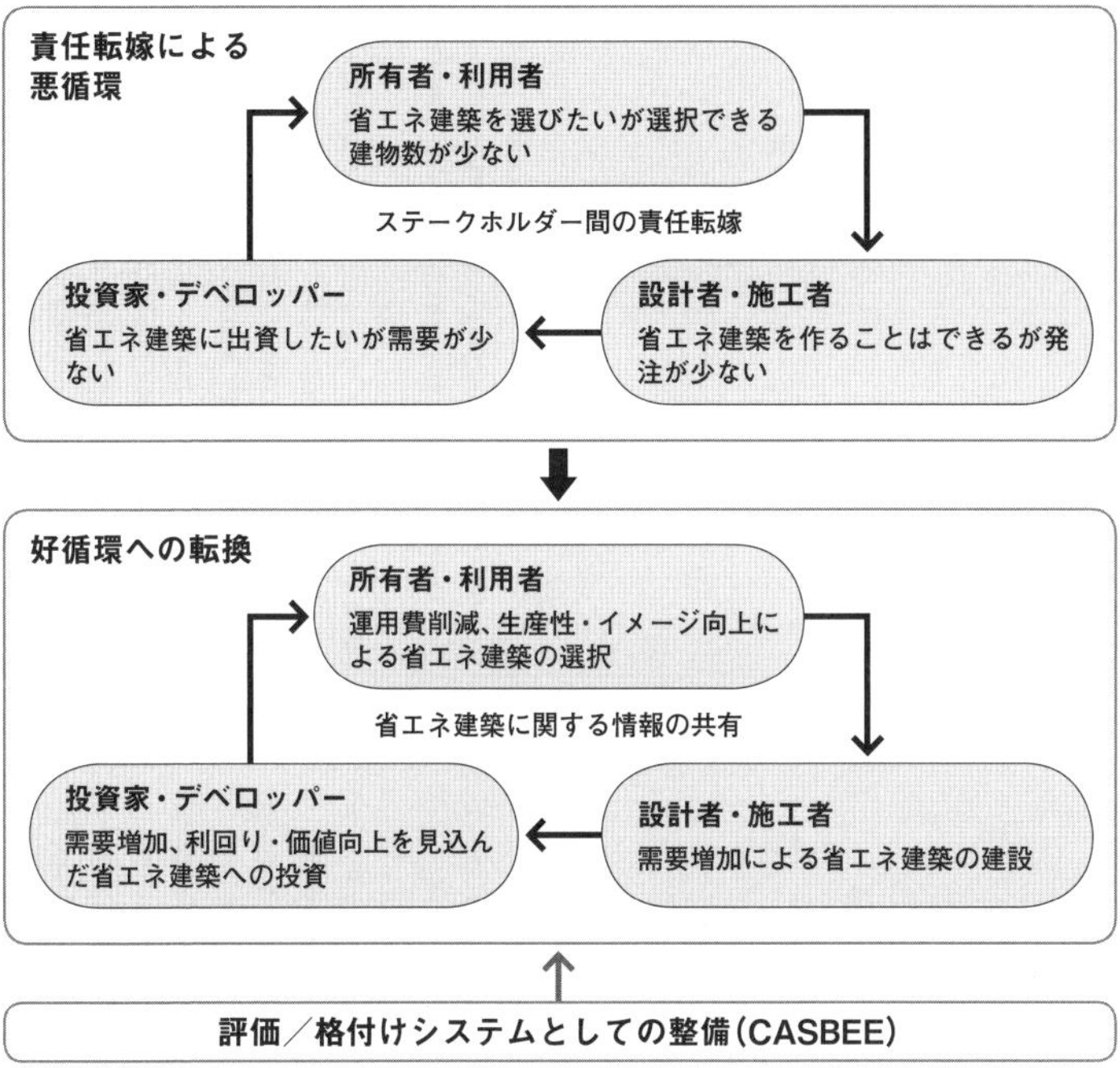
責任転嫁による悪循環
所有者・利用者
省エネ建築を選びたいが選択できる建物数が少ない
ステークホルダー間の責任転嫁
設計者・施工者
省エネ建築を作ることはできるが発注が少ない
投資家・デベロッパー
省エネ建築に出資したいが需要が少ない
好循環への転換
所有者・利用者
運用費削減、生産性・イメージ向上による省エネ建築の選択
省エネ建築に関する情報の共有
設計者・施工者
需要増加による省エネ建築の建設
投資家・デベロッパー
需要増加、利回り・価値向上を見込んだ省エネ建築への投資
評価／格付けシステムとしての整備(CASBEE)

の整備が重要である。全ステークホルダーが便益を享受できる仕組みが構築されない限り、好循環サイクルの確立はありえない。好循環サイクルの確立において重要なことは関係者が省エネ建築に関する正しい情報を共有することである。その意味で、「CASBEE」などの不動産評価ツールの整備による評価／格付け情報の提供が重要である。

[1] IBM Corporation (2009)『A vision of smarter cities』IBM Global Business Services Executive Reportを基に作成

[2] European Conference on Sustainable Cities & Towns (1994)『Charter of European Cities and Towns Towards Sustainability (The Aalborg Charter)』

[3] C40 Cities『C40 Cities -Climate Leadership Group- Climate Change Action Plans (http://www.c40cities.org/ccap/)』

[4] ICLEI『The Copenhagen world catalogue of city commitments to combat climate change (http://www.climate-catalogue.org/)』

[5] Directorate-General Regional Policy Unit, European Commission『Urban Audit – Explanation (http://www.urbanaudit.org/)』

[6] European Commission『European Green Capital (http://ec.europa.eu/environment/europeangreencapital/index_en.htm)』

[7] European Commission『Covenant of Mayors (http://www.eumayors.eu/)』

[8] 環境自治体会議『環境自治体スタンダード (http://www.colgei.org/LAS-E/LAS-E_top.htm)』

[9] 経済産業省他『エコタウン事業 (http://www.meti.go.jp/policy/recycle/main/3r_policy/policy/ecotown_casebook.html)』

[10] Defra (Department for Environment, Food and Rural Affairs) (2008)『A FRAMEWORK FOR PRO-ENVIRONMENTAL BEHAVIOURS』を基に作成

[11] RICS (Royal Institution of Chartered Surveyors) (2008)『Breaking Vicious Circle of Blame- Making the Business Case for Sustainable Buildings』を基に作成

第4章

未来都市実現に向けた日本政府の取り組み

1 未来都市構想の必要性

1・1 課題先進国日本

わが国は、戦後の復興、高度経済成長の段階では諸外国に比べ多くの面で比較優位の側面を有し急速な経済発展を遂げた。しかし、バブル崩壊を経て現在に至る段階では日本の社会・経済システムは多くの面で劣化し、世界に先んじて多くの課題を抱えるに至っている。

環境問題については、産業分野の省エネをはじめとして世界をリードする多様な先導的取り組みを展開してきたが、3・11の原発事故により新たに深刻な重荷を背負うことになった。制度疲労した行政システムについては、行き過ぎた縦割りシステム、過剰規制や過剰既得権など多くの問題が指摘される。加えて高価格体質、過剰スペック、意思決定におけるスピード感の欠如など経済面での課題や、高齢化、人口減少など社会構造面での課題に示されるように、海外と比べ多くの比較劣位を抱えるに至った。

これから紹介する「環境モデル都市」、「次世代エネルギー・社会システム実証事業」、「環境未来都市」などの取り組みの実施において、関係者は多くのバリアーに直面した。環境行政の各方面において規制緩和の緊急性は高い。内閣官房・地域活性化統合事務局による「総合特区制度」の目的の一つは、規制緩和を通してこのようなバリアー解消を狙ったものである[7]。

１・２　未来都市の構想による日本の活性化

課題先進国ともいうべき日本は、これを解決して課題「解決」先進国に転換しなければならない。これに向かってどのような未来の社会像を描いていくかが問われている。現在の日本社会の課題を解決し、閉塞状況を打破し、国家ビジョンを明確に示すために、都市の世紀といわれる21世紀において、都市をてことして新しい日本の社会像を示していくことは有効である。本書の主題である未来都市の構想はこのような背景の下に企画されるものである。

現在、世界の多くの国々で都市を軸にした技術開発、環境改善、経済活性化などのプログラムが進行している。例えばＯＥＣＤは、２０１０年から、「グリーンシティプログラ

図1　OECDのグリーンシティプログラム[1]

パリ
（フランス）
欧州を代表する
国際的なエコシティ

ストックホルム
（スウェーデン）
欧州グリーン首都にも
選ばれた北欧を代表する都市

シカゴ
（アメリカ）
アメリカの中で
有数の環境先進都市

北九州
（日本）
公害を乗り越えた
日本の環境モデル都市

ム」と呼ばれる環境対策と経済成長の融合を実現する都市プログラムを推進している[1]。このプログラムでは、図1に示すように日本の北九州市を含め世界各国の4都市が選ばれている。

世界のGDPの約80％は都市で生産されるといわれている。〝魅力的な都市〟こそが、国の発展のエンジンになる。都市に対する投資規模は、今後20年間で30～40兆ドルに達するという報告が経済団体よりなされている。

日本の課題解決と新成長に向けた新たなチャレンジとして、都市を軸にして未来の構想を提示することが求められている。〝魅力的な都市の建設〟を構想の中核に据えて、新たなコンセプトに基づくビジョンの提案とそれを実現するための社会実践の推進が必要である。このビジョンに基づいて、地域活性化や社会経済システム・イノベーションの実現を図らなければならない。その推進において、これまで述べてきたスマート化とスリム化による持続可能な文明構築のコンセプトはその中核となるものと位置づけられる。

このような理念に基づいて「環境モデル都市」、「次世代エネルギー・社会システム実証事業」、「環境未来都市」など政府主導のプログラムが企画され進展中である。本章ではこれらのプログラムを、未来都市構想の観点から紹介する。

２「環境モデル都市」[2]

２・１ プログラムの概要

「環境モデル都市」は福田康夫元首相の施政方針演説（２００８年１月）や閣議決定などに示される低炭素社会づくりに向けた政策に基づいて企画されたものである。プログラムの具体的な実施は、内閣官房・地域活性化統合事務局に設置された「環境モデル都市・低炭素社会づくり分科会」（環境モデル都市部分の座長：村上周三）において企画・推進されたもので、現在も継続して進行中である。スタートしてから５年目を迎え、多くの実績が上がっている。

２００８年４月に募集を行った結果、計89の市区町村から応募があり、取り組み内容、自治体の規模、波及効果の最大化などに留意して最終的に13都市が選定された。

具体的な選定基準として、①温室効果ガスの大幅削減、②モデル性・先導性、③地域に適応した取り組み、④実現可能性、⑤取り組みの持続的な展開の５つが設定された。２００８年度中に以下の13都市が「環境モデル都市」として選定された。

〈大規模都市〉北九州市、京都市、堺市、横浜市、千代田区（東京都）

〈中規模都市〉飯田市、帯広市、富山市、豊田市

〈小規模都市〉 下川町（北海道）、水俣市、宮古島市、檮原町（高知県）

「環境モデル都市」は２００９年の政権交代後も継続し、フォローアップ体制（座長：村上周三）を整えて各モデル都市の取り組みを多方面から評価、支援している。

２・２ 「環境モデル都市」のアクションプラン[3]

図２、図３に各環境モデル都市のアクションプランの狙いを示す。各都市に対して、なるべく実現可能性の高いプランの策定を要請している。

環境モデル都市の中では最北に位置する下川町では「北の森林共生低炭素モデル社会・下川」、同じく北海道の帯広市では「田園環境モデル都市・おびひろ」という目標を掲げている。ＬＲＴに力を入れている富山市は「富山市コンパクトシティ戦略によるCO_2削減計画」を提示している。環境モデル都市プログラムでは、ベストプラクティスに着目した表彰制度があるが、富山市は２０１０年度の大賞を受賞している。

東京都の千代田区は「省エネ型都市づくり、エネルギー効率向上」を、横浜市は「知の共有・選択肢の拡大・行動促進による市民力発揮で大都市型ゼロカーボン生活を実現」するというビジョンを掲げている。

図2 13の環境モデル都市と各都市の代表的政策（東日本）[2][3]

①	**下川町** 4000人	**北の森林共生低炭素モデル社会・下川** ・育ちの早いヤナギで炭素固定。燃料に活用。 ・地域熱供給施設導入
②	**帯広市** 17万人	**田園環境モデル都市・おびひろ** ・牛ふん堆肥等の灯油代替燃料化 ・不耕起栽培
③	**富山市** 42万人	**富山市コンパクトシティ戦略によるCO_2削減計画** ・路面電車ネットワーク ・公共交通沿線への住み替え誘導
④	**千代田区** 4万5000人	**省エネ型都市づくり、エネルギー効率向上** ・中小ビル省エネ化 ・地域冷暖房施設の高度化、湧水熱利用
⑤	**横浜市** 365万人	**知の共有・選択肢の拡大・行動促進による市民力発揮で大都市型ゼロカーボン生活を実現** ・再生可能エネルギーを2025年までに10倍に ・省エネ住宅への経済的インセンティブ付与
⑥	**飯田市** 11万人	**市民参加による自然エネルギー導入、低炭素街づくり** ・熱供給システムを個人住宅へ展開 ・街区単位で再生可能エネルギーを利用
⑦	**豊田市** 42万人	**先端環境技術活用による街づくり、エコ・カーライフ** ・「低炭素社会モデル地区」に先進環境技術を先行導入 ・次世代自動車共同利用システム、太陽光充電インフラ

図3 13の環境モデル都市と
各都市の代表的政策(西日本)[2][3]

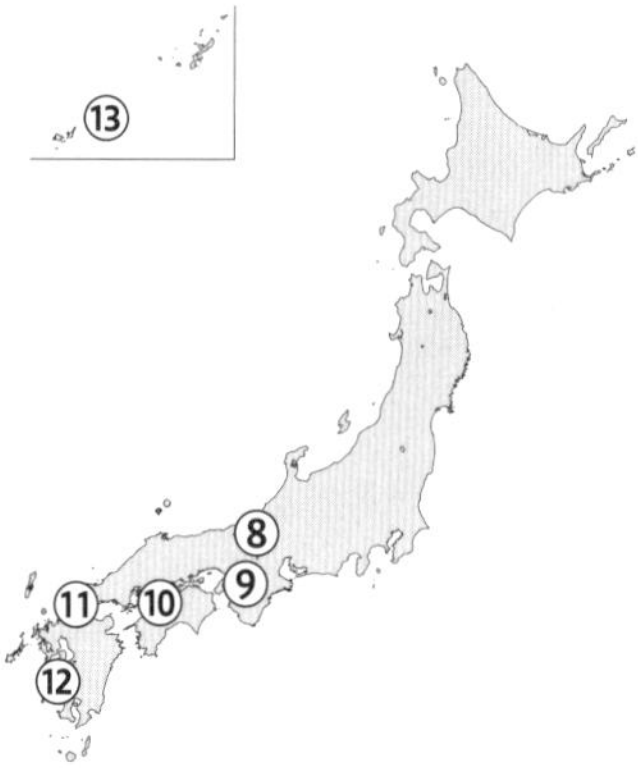

⑧	**京都市** 147万人	**歩行者主役のまちづくり、 「地域力」を活かした低炭素化活動** ・四条通のトランジットモール化、細街路への自動車流入抑制等 ・京都の風情を残した低炭素家屋の普及。「平成の京町家」の建設 ・「エコ町内会」、「エコ学校」等地域ぐるみの力を活かした取組
⑨	**堺市** 84万人	**低炭素型コンビナート形成、低炭素型ライフスタイル** ・メガソーラー、大型燃料電池、省エネ設備導入等 ・まちなかソーラー発電所(10万世帯に太陽光発電設置) ・地場産業を活かしたコミュニティサイクルシステム
⑩	**檮原町** 5000人	**木質バイオマス地域循環モデル事業** ・木質ペレット生産等による循環型森林経営 ・風力発電を2050年度までに40基設置
⑪	**北九州市** 99万人	**アジアの環境フロンティア都市・北九州市** ・先進技術を活かした「低炭素200年街区」 ・工場未利用熱を周辺地域に供給
⑫	**水俣市** 3万人	**環境と経済の調和した持続可能な 小規模自治体モデルの提案** ・ごみの22分別、高品質リサイクル ・竹等のバイオ燃料化
⑬	**宮古島市** 5万5000人	**サトウキビ等による地産地消型エネルギーシステム** ・バイオエタノール燃料利用、バガス(サトウキビ残渣)発電 ・CO_2フリー自動車社会の実現

長野県の飯田市は「市民参加による自然エネルギー導入、低炭素街づくり」を掲げ、太陽光発電の導入費用をゼロとする「おひさま０円システム」に全国に先駆けて取り組んだ。トヨタが幅広く協力している豊田市は「先端環境技術活用による街づくり、エコ・カーライフ」を、京都市では「歩行者主役の街づくり、『地域力』を活かした低炭素化活動」を掲げて、それぞれの特徴を生かした多様な取り組みを展開している。

堺市では「低炭素型コンビナート形成、低炭素型ライフスタイル」、檮原町では「木質バイオマス地域循環モデル事業」、宮古島市は「サトウキビ等による地産地消型エネルギーシステム」、水俣市は「環境と経済の調和した持続可能な小規模自治体モデルの提案」、北九州市は「アジアの環境フロンティア都市・北九州市」を掲げている。北九州市の海外都市に対する環境改善支援プログラムはベストプラクティスと呼ぶにふさわしい優れた実績を誇るに至っている。

北九州市、堺市、水俣市など、戦後の工業都市としての発展の過程で発生した深刻な環境問題を克服してきた都市の提案は、地道で地に足がついた優れた提案という意味で評価が高かった。

２・３「環境モデル都市」のCO_2削減目標

表１は環境モデル都市が掲げたCO_2削減目標で、民生、運輸、産業の３部門を合計したものである。２０２０〜２０３０年までの中期の削減目標は平均で約30%、２０５０年までの長期の

表1　環境モデル都市の中長期削減目標(2009年7月31日時点) [2] [3]

		中期目標(2020~2030年)	長期目標(2050年)	基準年
大規模都市	北九州市	30%（2030）	50~60%	2005
	京都市	40%（2030）	60%	1990
	堺市	15%（2030）	60%	2005
	横浜市	30%（2025）	60%	2004
	千代田区	25%（2020）	50%	1990
中規模都市	飯田市	40~50%（2030）*	70%	2005
	帯広市	30%（2030）	50%	2000
	富山市	30%（2030）	50%	2005
	豊田市	30%（2030）	50%	1990
小規模都市	下川町	32%（2030）	66%	1990
	水俣市	33%（2020）	50%	2005
	宮古島市	30~40%（2030）	70~80%	2003
	檮原町	50%（2030）	70%	1990
平均		約30%	約60%	

＊排出量の多い民生家庭部門における削減目標

削減目標では約60%という非常に意欲的な数字になっている。ただし、これは2009年5月のアクションプラン策定の段階での数値であり、実績値ではない。

このマイナス30%やマイナス60%という削減の数字のどれだけが自治体だけの努力によるものかという問題は残されている。削減の数値には国の施策の効果も含まれていると考えておかなければならない。いずれの自治体も目標達成に向けて奮闘中である。

このような目標を掲げた環境モデル都市の成果を全国に波及させれば、政府のCO_2削減の長期目標であるマイナス80%の達成に大きく貢献することは間違いない。

２・４「環境モデル都市」の成果を普及させる仕組み

プログラムの推進において重要なことは、選ばれた環境モデル都市の成果をいかにして全国に波及させていくかということである。この目的に沿って、２００８年の12月に「低炭素都市推進協議会」が設置された。この協議会は①環境モデル都市、②選定外自治体、③意欲的な非応募自治体、④関係省庁、⑤関係都道府県、⑥各種公的団体、⑦民間企業、などの２００以上の団体で構成されており、北九州市が会長都市を務めている。注目すべきことは民間企業の参加が増えていることである。後述するが、２０１２年5月、この協議会は「環境未来都市構想推進協議会」に改組され、「環境モデル都市」と「環境未来都市」の両プログラム連携の枠組みが構築された。協議会は、①都市・地域の低炭素化施策推進ＷＧ、②グリーンエコノミーＷＧ、③全国展開型ベストプラクティス普及促進ＷＧ、など各種のワーキンググループを設置して、多面的活動を推進してきた。ベストプラクティスの全国展開、「ＣＡＳＢＥＥ都市」など都市の環境性能評価ツールの開発・普及の支援、国際シンポジウムの開催による世界に向けた情報発信などの具体的成果を挙げてきた。

ここで紹介する「環境モデル都市」も、本章４・４で紹介する「環境未来都市」も今後追加選定が行われる予定である。両プログラムが共存する枠組みについては、本章２・８で説明されている。

２・５ 「環境モデル都市」のベストプラクティス

環境モデル都市のベストプラクティス（２００９年度）を紹介する。太陽光発電、ＬＥＤ照明、次世代自動車など、現在広く普及するに至った環境対策に早くから取り組み、その後の爆発的な普及の先鞭をつけたことはベストプラクティスと呼ぶにふさわしい実績である。

太陽光発電

２００８年度の募集当時、太陽光発電の幅広い利用はまだまだ新しい話題であった。そのような状況の下で、飯田市で開発された「おひさま０円システム」と呼ばれるイニシャルコストゼロの太陽光発電導入制度の新設は高く評価されるものである。地元の金融機関等の支援により初期投資ゼロで設置することができ、支援された費用は売電によって返済するという企画である。これをモデルにした制度がその後いくつか見られるようになった。

多くの環境モデル都市で、自治体の主導により、住宅、学校、商店街などで、太陽光発電装置の設置が推進されてきた。

公共交通

公共交通の取り組みは企画から実現まで長時間を要するものが多く、取り組んでも目に見える実績をあげるのは容易ではないが、各都市はそれぞれ意欲的に取り組んでいる。

富山市において、日本で初めてのＬＲＴ（Light Rail Transit）環状線化を実現し、また空白地帯にコミュニティバスを28路線導入したことは高く評価される。豊田市と北九州市では、ＨＶ（Hybrid Vehicle）バスをいち早く導入している。

京都市では地下鉄の終電を「シンデレラクロス」というかたちで全方向接続し、また地下鉄の待ち時間を８分から３～４分と半減させている。

エコハウス

北九州市、水俣市、飯田市、宮古島市、下川町などではエコモデルハウスが建設されている。北九州市では、市営住宅２６０戸を長寿命化している。

エコハウスの最も先導的な事例が檮原町のライフサイクル・カーボンマイナス・モデル住宅である。ライフサイクル・カーボンマイナス（ＬＣＣＭ）というのは、住宅の建設・運用・廃棄というライフサイクルを通しての積算のCO_2排出量をマイナスにするという意味である。ゼロエネルギーやゼロカーボンよりもさらに低炭素化を進めたものである。檮原町には、日本ではじめてそのＬＣＣＭ住宅が２棟建設された。

ＬＥＤ等省エネ街灯

平成20年当時、ＬＥＤを利用した照明の普及は全くといっていいほど進んでいなかった。そのような状況の中で、多くの都市で街灯などをＬＥＤを用いて省エネ化する取り組みが実施され、その後の爆発的な普及の先鞭をつけることになった。

市民による取り組み

下川町では市民を対象に、家庭でのCO_2削減コンテストを開催している。バイオマスライフへの転換等で６割の削減を実現した人がコンテストの優勝者に選ばれた。

富山市では「チーム富山市」のプログラムに１・８万人、京都市では環境家計簿のプログラムに３・７万人が参加している。横浜市では小学校が単位となり夏休みに低炭素化へ取り組んだ事例が１６７校、参加人数３・１万人となっている。各種の取り組みにおいて市民参加が進展していることは特筆すべきことである。

次世代自動車

環境モデル都市プログラムにおける次世代自動車への先導的な取り組みはその後の全国的な普及への先鞭となっている。

豊田市ではｐＨＶ（plug-in Hybrid Vehicle）公用車７台で市内企業カーシェアリングをしているほか、

日本最多の太陽光式充電設備21基を設置している。京都市は充電設備40基、ＥＶ（Electric Vehicle）公用車５台で市民カーシェアリングを実施している。北九州市では市・民間で燃料電池車３台を所有し、パイプラインを延伸して燃料電池車のための水素ステーションを設置している。

バイオマス燃料

下川町ではバイオコークス技術の実証をしており、ヤナギエタノールの抽出技術の開発にも着手している。ヤナギは成長が非常に早いことで知られている。京都市、帯広市、富山市ではペレット製造機器を整備している。京都市はガソリン１５０万リットルをＢＤＦ（Bio Diesel Fuel）で代替しており、帯広市では廃食油13万リットルをＢＤＦ化、Ｅ10特区申請で国の検討を前倒しして実施に動いている。

森林管理・植樹・緑化

多くの都市で、様々の試みが実施されている。代表的な事例を以下に示す。

- 檮原町：建設業とのコラボレーションで作業路約31km開設。間伐８０５ha（林建共働）
- 豊田市：林道等約18km開設。間伐約１５００ha
- 市民植樹：横浜市（40万本）、北九州市（11万本）
- 京都市：23事業所で壁面等緑化（計約７２０㎡）

・北九州市：３事業所で屋上緑化（計約７２０㎡）

市町村合併で多くの都市が広大な緑地を持っているので、CO_2吸収源としての森林のマネジメント問題は低炭素化行政の中で大変重要な位置を占めており、さまざまな自治体で熱心な検討がなされている。林業と建設業には、作業期間、作業機械、作業労働等に関して互いに相補完する部分が多く、林建共働ということが今後の取り組みの大きな課題となる。

エコツアー

観光産業活性化の視点から、このプログラムに力を注ぐ自治体が増えている。事例を以下に示す。

・宮古島市：視察者約１３００人
・下川町：ヤナギ里親ツアーに８組22人
・横浜市：道志村・飯田市等と連携したツアーに約３００人、フォーラムに約１１００人
・檮原町：森林セラピーモデルツアーを実施

2・6「環境モデル都市」の評価

自治体による自主評価

各環境モデル都市は、アクションプランに掲げられている事業について、取り組みの進捗状況、

取り組みの成果、課題と改善方針等についてまとめた「環境モデル都市フォローアップ報告」を取りまとめている。これは自治体による自主評価というべきものである。

各自治体は自身の取り組みの進捗状況を、次に示す段階に沿って自主評価している。

①実施
②着手
③検討
④検討・実施に至らず

同様に、当初計画との比較における評価を次の視点に従って自主評価している。

①計画に追加／計画を前倒し／計画を深堀りして実施
②ほぼ計画通り
③計画より遅れている
④取り組んでいない

図4　環境モデル都市の4段階評価

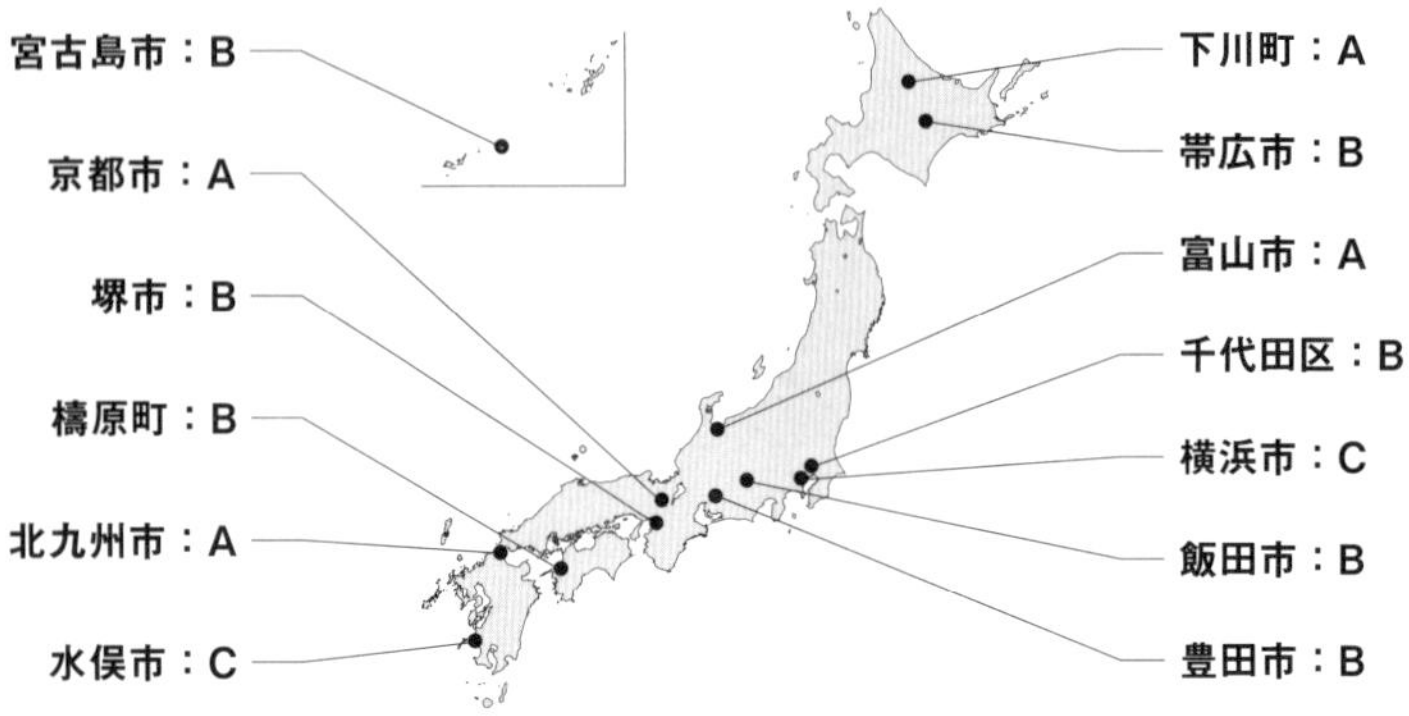

S：地域主導で国の制度を先取りする等、進捗状況が極めて優れている
A：計画を前倒しして先進的な事業を実施する等、進捗状況が優れている
B：事業を計画通りに実施する等、進捗状況が良い
C：事業の進捗に遅れが見られる等、事業の一層の推進が求められる

フォローアップ委員会における4段階評価

自治体による自主評価をベースにして、フォローアップ委員会の審議を経て、図4に示す4段階評価が事務局によって実施された。評価に際しては、次のような点が留意された。

①事業が着実に実施されているか
②進んでいる計画／遅れている計画と計画の重要性
③取り組んでいない施策の代替案の検討
④効果の発現（CO_2削減実績、地域活力の創出実績等）等

政府機関でよく利用されるこの4段階評価において、最上位の「S」の評価が得られることは極めて稀であるので、事実上は

3段階評価と受け止めておくべきである。「A」評価の都市が4、「B」評価の都市が7、「C」評価の都市が2という結果になった。このような4段階評価が政府機関に属する事務局主導で実施されたことは画期的なことである。

2・7 「環境モデル都市」は何故成功したか？

本プログラムのフォローアップを通して、中央、地方を問わずわが国の行政が抱えている多くの課題が浮き彫りにされている。

「環境モデル都市」における新しい取り組みの開始において、ほとんどすべての自治体が多くの制度的障害に直面し、低炭素化事業の推進に苦労を重ねてきた実態が明らかにされた。様々な側面における過剰規制、過剰既得権等のバリアーの存在と規制緩和の必要性を強く感じさせる結果であった。ベストプラクティスに示されるような新たな取り組みの成功の影には、自治体における担当者の目に見えない多大な苦労が存在している。その意味で、政府の新成長戦略において、規制緩和を主目的の1つとする「総合特区制度」が「環境未来都市」とセットになって新たに発足したことは特筆すべきことである。

毎度指摘されることであるが、行政の縦割りシステムは中央政府、地方自治体を問わず環境政策推進の大きな障壁になっていることが多い。低炭素化や省エネが最重要の政策課題として取り上げられ、その推進に大号令がかかっても、実際の現場では縦割りシステムや縄張りのバリアーに悩まされているというのが実態である。「環境未来都市」では、「総合特区制度」と連携し、このようなバリアーを軽減する方策を模索している。

このような困難の中で推進されてきた「環境モデル都市」に対しては、ベストプラクティスの紹介を含め、「成功した」という多くの声が出されている。その理由を以下に示す。

- **環境モデル都市の指定により、自治体が意欲と誇りを持って取り組んだこと**
- **補助金依存体質を持たずに自助努力で取り組みを推進していること**

過去の事例において、補助金に依存してしまうと、補助金の終了がプロジェクトの終了につながるケースが数多く見られた。本プログラムは国の予算をそれほど使っていないこともあり、結果的にそういう事態は避けられた。この結果は、次のプログラムである「環境未来都市」を自律的モデルとして推進する構想の下地をつくることになった。この意味で、「環境モデル都市」は良い先行事例になったということである。

- **内閣官房・地域活性化統合事務局がフォローアップのチームを設置してプログラムの推進を支援したこと**

図５　モデル都市選定におけるCO_2削減評価の考え方

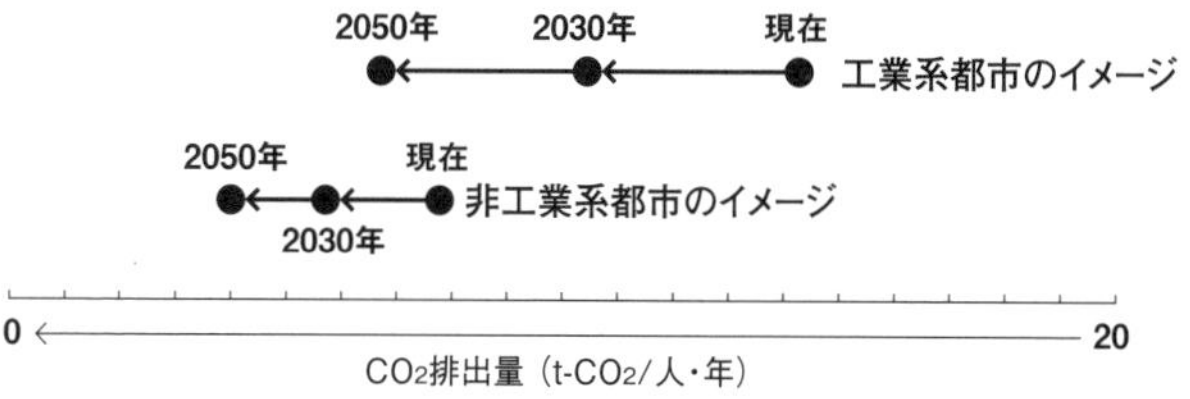

・環境モデル都市が中心になって全国協議会をつくり、成功事例を波及させる組織を作ったこと。さらに、ベストプラクティスの表彰や国際会議での紹介など、海外発信に努めたこと

成功をもたらしたのは、上記のような地方と中央の協力による自律的な取り組み推進の積み重ねに基づくものである。今後のこの種のプロジェクトにおいて参考とすべき点は多い。

2・8 「環境モデル都市」と「環境未来都市」の連携

モデル都市の選定やその後の評価においては低炭素化というプログラムの趣旨に照らしてCO_2の削減量が重視された。CO_2削減評価の考え方を図５に示す。

この評価では、CO_2排出量削減の絶対値ではなく、将来に向けての努力＝削減割合（%）を評価している。すなわち、それぞれの都市における〝努力の程度〟を評価している。CO_2排出量の大きい工業系都市でも少ない非工業系都市でも、削減割合を尺度にして評価スケールを設定している。

「環境モデル都市」の検討において、環境負荷Ｌ（Load）の削減と対をなす環境品質Ｑ（Quality）の向上という取り組みに対しては十分な評価がなされているとはいえない。環境負荷の削減は第一目標であるが、同時にそれによって環境品質が低下していないかという側面を評価するという視点も重用である。低炭素都市推進協議会のＷＧにおいて都市の環境性能評価ツールである「ＣＡＳＢＥＥ都市」の開発・普及を支援したのは、このような視点を含めた評価の重要性に留意したためである。

第５章で紹介する「ＣＡＳＢＥＥ都市」では、環境品質Ｑの向上と環境負荷Ｌの削減の両者に着目した統合的評価を行っている。「ＣＡＳＢＥＥ都市」のコンセプトは、「環境未来都市」構想における新しい切り口の根拠になっている。環境モデル都市プログラムでは低炭素化というテーマが中心的であるが、後述する環境未来都市プログラムでは新成長戦略の下でより幅広いコンセプトに基づいて新しい都市のビジョンを追求している。

環境モデル都市も環境未来都市も、募集・選定が継続される予定である。したがって今後とも２つのプログラムが共存するが、追加選定により数の増えた環境モデル都市等の中から環境未来都市を厳選するという枠組みの下に、両プログラムの位置づけが明確にされている。

3 「次世代エネルギー・社会システム実証事業」[4]

3・1 事業の位置づけ

この実証事業は経済産業省の主導によるものであり、２０１０年度にスタートして4年度目を迎え、多くの実績を上げているプログラムである。スマートグリッドの導入促進などを視野に入れ、再生可能エネルギーの大量導入やＥＶ導入などの新たな電力・熱の需要／供給の発生に対応可能な電力等の安定供給システムを実現することを目指している。次世代エネルギー・社会システムの構築を目指し、単なる計画でなく実証事業によりこれを検証するプログラムである。３・11の東日本大震災や原発事故により、このプログラムの重要性が再認識され、プログラム推進が加速される結果となった。被災地の復興計画におけるエネルギーシステムの多くの提案がこの実証事業を参考にしている。筆者も有識者会議のメンバーとして選定段階からこのプログラムに参加している。

２０１０年1月に公募し、応募19都市の中から、次の4都市が実証事業対象都市として選定された。

横浜市、豊田市、けいはんな学研都市、北九州市

選考に際しては、①実現可能性、②実証事業の適用可能性、③先進性　などの点を評価対象とした。

3・2　実証事業推進の背景としてのスマートグリッド

第2章、第3章で、スマートグリッドを含むスマート化の重要性について述べた。海外に比べ、日本ではスマートグリッドの導入の実現や普及に向けた気運が遅れがちであった。この点に危機感を抱いた経済産業省がその促進を目指し、このプログラムが企画されたという背景を指摘することができる。

スマートグリッドは世界各国で導入検討や導入実施が進展しているが、導入の背景は各国の電力需給の事情により異なる。これを整理すれば表2のようになる。3・11の大震災と原発事故後、電力の供給／需要システムにおいて革命的な変化が生じつつある。日本におけるスマートグリッド導入の意義は、表2に示す再生可能エネルギー大量導入への対応を超える大きなものになりつつある。特に注目すべきことは、政府主導で電力の需要／供給における大幅な規制緩和が進展していることである。

表2　スマートグリッド導入の背景

- 再生可能エネルギー大量導入対応型　→　欧州、日本など
- 電力供給網の信頼度向上・劣化対応型　→　米国など
- 電力需要の急成長対応型　→　インドなどの新興国
- ゼロベース都市開発対応型　→　中国のエコシティなど

3・3 実証事業の内容[5]

実証事業に選定された４都市の実施内容を以下に紹介する。いずれの実施内容もスマートグリッドを計画の中心において、エネルギー・社会システムの変革を目指すものとなっている。これは２０１０年当時のもので、その後修正が加えられている。

横浜市

- 商業／住宅／工業地区において、家庭、ビル、地域のエネルギー需給を、ＨＥＭＳ、ＢＥＭＳ、ＣＥＭＳなどを利用して最適制御
- 系統電力に依存しつつ、複数の広域地区の間で需給をバランスさせるシステムの開発
- 地域冷暖房、廃熱、河川水などを利用し、電気と熱の最適制御を行う
- 実証全世帯に太陽光発電やＨＥＭＳを導入
- ＥＶの導入促進（２０００台）等

豊田市

- 車が移動手段の中心となる郊外地区において、車と住宅のエネルギー有効利用の追求（67戸）
- 車載蓄電池を活用して、個々の住宅単位で需給バランスを追求

・次世代自動車（ＰＨＶや小型モビリティー）の大量導入と公共交通機関の連携
・走行履歴システムによるエコドライブの推進
・生活行動支援システムにより、個人のエネルギー使用データを収集し、スマートフォンを通じて効率的なエネルギー行動を提示　等

けいはんな学研都市

・京都、奈良、大阪の境界に位置する住宅団地を対象（９００戸）
・系統電力をベースに、再生可能エネルギーの大幅導入に際して、上位系統への逆潮流の負荷を最小化するシステムの追求
・複数家庭に１台の蓄電池を設置し、蓄電池コストの最小化を目指す　等

北九州市

・新日鉄の特定供給エリアである東田地区の住宅を対象にＣＥＭＳを実現
・ＣＥＭＳの対象は、住宅、オフィス、学校、病院、工場、街灯、大型蓄電池等
・電気料金のダイナミック・プライシングやコジェネとの連携を実施
・需要家間でのエネルギー融通を実施
・車載蓄電池から系統への電力供給　等

上記のように、各都市でスマートグリッド等の活用を視野に入れた先導的取り組みが実施に移されている。特に、北九州市の特定供給エリアである東田地区における、新日鉄の自営線の利点を活用した電力・熱需給の新たな取り組みは特筆すべきものである。過去の多くの企画においてスマートコミュニティの実現が目標とされてきたが、実質的な意味でスマートコミュニティと呼ぶにふさわしいものが日本で初めて実現されつつある。北九州市の先導的取り組みは、他の3つの実証事業をはじめ、全国の都市におけるこの種の企画に対して大きな刺激を与えてきた。さらに原発事故後の全国的な節電対策や被災地における復興計画策定においても、先導的モデルとして参考にされている。

多くの意味でこの実証事業は時宜を得たプログラムであったといえる。

4 「環境未来都市」[6]

4・1 「環境未来都市」の政策的枠組み

「環境未来都市」構想は、図6に示すように政府の新成長戦略の枠組みの下に企画されたものである[7]。２０１１年末に11都市の選定が発表され、各都市において具体的取り組みがスター

図6 「環境未来都市」の政策的枠組み[7]

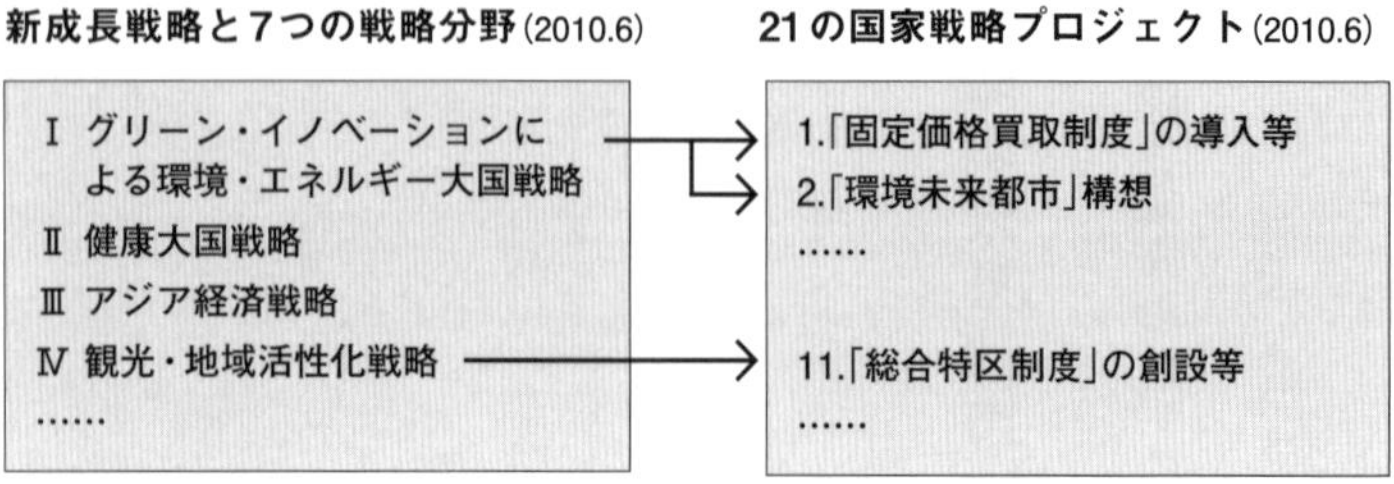

「環境未来都市」のビジョン

- グリーン・イノベーションによる、都市をエンジンとする新成長
- 環境と超高齢化対応を柱とする新しい価値創出による社会・経済の活性化
- 復興特区制度等との連携による東日本大震災の被災地の復興支援
- 都市環境改善の未来に向けたモデルとして世界に発信

トした。

政府が２０１０年に発表した「新成長戦略と7つの戦略分野」においては、①グリーン・イノベーションによる環境・エネルギー大国戦略、②ライフイノベーション健康大国戦略、③アジア経済戦略、④観光立国・地域活性化戦略、⑤科学・技術・情報通信立国戦略、⑥雇用・人材戦略、⑦金融戦略の7つの戦略が掲げられている。さらにその下に「21の国家戦略プロジェクト」が提示されている。「環境未来都市」構想は「総合特区制度」の創設等と並んでこの中に位置づけられている。

内閣総理大臣が議長を務める「新成長戦略実現会議」の下に「総合特区制度、『環境未来都市』構想に関する会議」が設置され、地域活性化担当大臣が議長を務める。その下で内閣官房・地域活性化統合事務局が事務を行うとともに「環境未来都市」構想有識者検討会（委員長：村上周三）が設置

図7　推進組織とスケジュール

- 「環境未来都市」構想　有識者検討会の設置（委員長 村上周三　2010.10～）
  コンセプトの策定
- 環境未来都市　評価・調査検討会（座長 村上周三 2011.8～12）
  選定基準策定、環境未来都市候補の推薦
- 「環境未来都市」 公募（2011.9/1～9/30）
  提案件数　30件
- 「環境未来都市」 選定（2011.12/22）
  選定件数　11件（うち被災地域6件）
- 「国家戦略会議」（議長 内閣総理大臣）に選定都市を報告（2011.12/22）
- 有識者による推進ボードの設置（座長 村上周三 2012.1～）
  各環境未来都市の計画策定を支援

された。

この枠組みを見れば「環境未来都市」構想と総合特区制度は連携すべきものであることが理解され、実際にそういう方向に進んでいる。

4・2 推進組織とスケジュール

「環境未来都市」の推進組織やスケジュールを図7に示す。２０１０年10月にスタートしたコンセプト策定のための有識者検討会以降、プログラムの進行に従って、様々の委員会、検討会が実施されてきた。現在は図7に示す有識者による推進ボードにおいて、各都市の実施計画策定を支援している。

4・3 「環境未来都市」のねらい——都市の魅力とはなにか？

「環境未来都市」では〝魅力的な都市／地域〟をつくることが主要目標となっている。では、都市の〝魅力〟とはいかなるものであろうか？

都市の魅力を構成する要素として、道路や建物などの物質的要素と歴史・文化、社会・経済や政治システムなどの非物質的要素の両者を指摘することができる。すなわち、建物や道路がいくら立派でもそれだけでは都市の魅力は生まれない。ハード面とソフト面のトータルなサービスの提供が都市の魅力の根幹を形成している。

では、その〝魅力〟をいかに創出するかということが構想の中心的課題となる。過去の事例を見れば、①ゼロベースで魅力的な都市を建設しようとする試み、②衰退した既存都市のリノベーションによって新しい魅力を創出しようという試み、③現在繁栄している都市の魅力をさらに向上させようとする試みなど、様々のプログラムを挙げることができる。

ゼロベースの都市建築としては、ブラジルの首都ブラジリア建設の事例が歴史的に著名である。ブラジリアが成功したプロジェクトかどうかは、評価の分かれるところである。

ゼロベースの方が集中投資によって魅力的な都市をつくるのは容易ではないか、という考え方がある。しかしハード面の魅力をつくることができても、都市の魅力の根幹の一つを形成する郷土意識や社会システム、例えば社会的連帯感などのソフト面の魅力をつくるのは容易ではない。

たとえば大都市郊外のベッドタウンの場合、住んでいる人たちの意識は大都市の方に向きがちで、地元に対する関心が十分に高くなく、地元のコミュニティの求心力の形成に苦労するという事例がしばしば見られる。郷土意識などを含む都市の魅力は何十年、何百年という長い時間をかけて形成されることが通例である。地域の連帯感は、過去にその地域が経験したさまざまな出来事を住民みんなが記憶しているという歴史の共有の上につくり上げられていくものである。

ゼロベースからそのような都市をつくっていくのは簡単ではない。ビジターを対象とするリゾートタウンのような都市は比較的簡単に建設できるかもしれないが、社会的連帯感が強く、「ぜひ住みたい」というコミュニティには育ちにくいのである。一方で、衰退していた既存都市のリノベーションに成功して〝魅力〟を回復した事例は内外に数多く存在している。

地方活性化を視野に入れた日本再生に眼を向けるとき、既存都市の①歴史・伝統・文化、②経済インフラ、③ソーシャル・キャピタル、などの資産を活用した〝魅力的な都市／地域〟の創出、という方向が見えてくる。これは、今回東日本大震災で壊滅的な被害を受けた被災地の復興にも、そのまま適用可能なアプローチであると考えられる。その意味で「環境未来都市」構想は、未来に向けた都市のリノベーションと位置づけることが可能である。

４・４　〝住みたい&活力あるまち〟としての「環境未来都市」

トリプルボトムライン

「環境未来都市」の基本計画は、ハード／ソフトの両面を含め幅広い〝魅力〟を備えるという点が根幹になる。魅力的な「環境未来都市」の実現には、環境／社会／経済という３つの側面、いわゆるトリプルボトムラインに着目した明確なコンセプトに基づく都市・地域デザインを打ち出すことが不可欠である。トリプルボトムラインに基づいて、世界水準をしのぐ比較優位を備えたアクションプランをビジョンとして示すことが挑戦のターゲットである。

価値創出

「環境未来都市」では、新成長に向けた都市の魅力を作るものとして、図８に示すように環境価値創出、社会的価値創出、経済的価値創出を明確に打ち出している。環境未来都市のデザインの根幹はこの３つの価値創出を促進する仕組みをつくることである。ただし小さな自治体では、ある部分に集中して魅力を形成するという選択肢もありえる。

図８には、環境、社会、経済の魅力創出に関わるキーワードが事例として示されている。

環境価値の創出では低炭素、生物多様性、資源循環と３Ｒ、水・大気環境、超省エネ社会などが挙げられる。

図８　環境未来都市における３つの価値創出

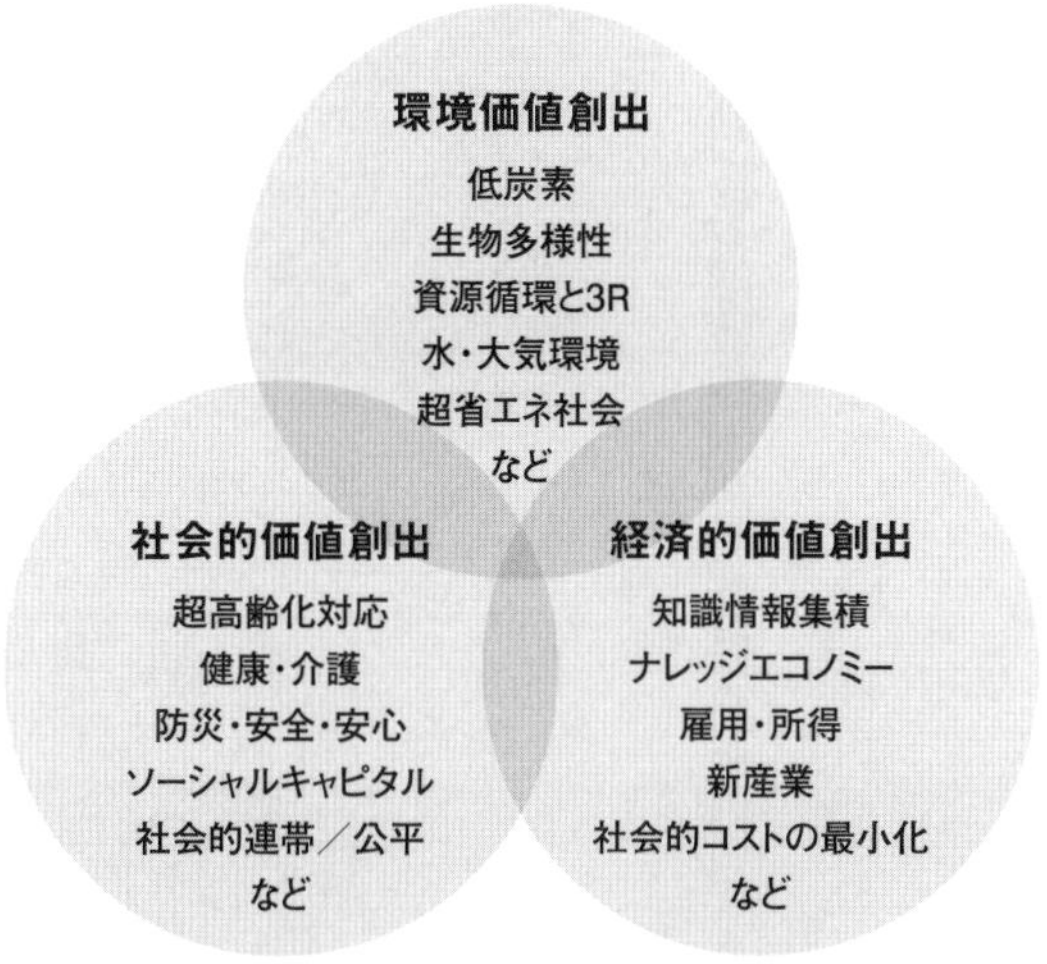

キーワードとしての環境と超高齢化

社会的価値創出に関しては、超高齢化対応、健康・介護、防災・安全・安心、ソーシャル・キャピタル、社会的連帯感などが挙げられる。東日本大震災の復興過程で明らかにされているように、ソーシャル・キャピタルの充実による社会的連帯感の回復は重要で、住みたい街の形成に不可欠の要素である。

経済的価値の創出に関しては、知識情報集積の重要性が指摘される。ナレッジ・エコノミー、雇用・所得、新産業や社会的コストの最小化なども重要である。

環境と超高齢化

「環境未来都市」は、「環境」と謳っているわけであるから、環境価値の創出は必須事項になる。今回のプログラムにおいて、もう一つ大事な要素としてあげられているのが社会的価値創出に関わる超高齢化への対応である。超高齢化対応は日本が世界に先駆けて直面している重要な政策課題である。これからの日本を支えていく未来都市として、また、新たな魅力を創出していくために、今回のプロジェクトでは「環境」「超高齢化」を欠かせない柱としている。

トリプルボトムラインの３つの側面の追求は、基本的に３つとも欠かせないというのが原則である。ただし、この３つを同じように重要に扱うか、それともどれかを優先的に重視して計画をつくるかについてはどちらかでもよく、独自性のある多様な取り組みの提示が期待されている。前述のように、小さな自治体ではある部分に集中して魅力を形成するという選択肢も否定されるものではない。

4・5 いかにして価値創造の仕組みを内包させるか？

「環境未来都市」は環境、社会、経済に関わる価値創造を誘発する仕組みを内包しなければならない。さらに、その仕組みが自治体の力で継続されることが重要である。すなわち、大切なことは自律的好循環の形成ということである。「ヒト」・「モノ」・「カネ」を集中投資すれば、情報・サービス・ビジネス等が集積・融合し、新しい価値が創造される。新しい価値が創造されると、さらに「ヒト」・「モノ」・「カネ」が内外から集まってくるようになる。これが「環境未来都

図9　各都市におけるアピールポイントの事例

「環境未来都市」事業を具体的に企画する際には、
切り口を明確にしてアピールポイントの提示を行うことが重要

- 環境資産開発
- 超高齢化対応
- 超省エネ社会
- 新産業創出
- 社会資産開発
- 生態系サービス再評価
- 防災・安全追求
- 規制改革・既得権見直し
- 文化資産開発
- 健康維持増進
- ナレッジキャピタル集積
- 再生可能エネルギー全面導入

など

市」で目指している自律的好循環である。

自律的好循環の波及効果として、社会・経済システムのイノベーションの誘発促進と、国の発展エンジンとしての新しい〝都市像〟の提示ということを指摘することができる。その結果として、誰もが〝住みたいまち〟〝活力あるまち〟を実現することが可能となる。

4・6 「環境未来都市」のアピールポイント

「環境未来都市」の魅力の原点は、前述した環境価値、社会的価値、経済的価値の３つの価値創出ということである。この原点に則って、各自治体から独自性のある提案がなされ、実施に移されることが期待される。すなわち各都市の企画は独自のアピールポイントを備えたものでなくてはならない。アピールポイントの事例を図９に示す。環境未来都市事業を具体的に企画・実現する際には、どのような切り口からアピールポイントの提示を行うかを明確にすることが重要である。ただし図９はあくまで事例であり、地域からの独自性のある提案が期待される。

しかし、上記に示すようなものをすべて含めようとすれば、総花的になって魅力的な都市は生まれにくい。この事例を含め、いくつかを重点的に取り上げ、特徴を明確にしたうえで魅力的な提案することが期待される。ただし今回のプログラムでは、「環境」と「超高齢化」は必須項目として取り組むことが要請されている。

4・7 選定された「環境未来都市」

30の応募都市の中から11都市が選ばれた。東日本大震災の被災地から6都市、被災地以外から5都市である。

被災地から選ばれた6都市は、①釜石市、②陸前高田・住田・大船渡自治体連合、③東松島市、④岩沼市、⑤新地町、⑥南相馬市である。これらの都市については、今後の復興のモデルとなる取り組みの推進が強く期待されている。

被災地以外の5都市は、①下川町、②柏市、③横浜市、④富山市、⑤北九州市である。これらの5自治体は全国の優れた提案の中から厳しい競争を経て選ばれたものである。柏市（千葉県）以外の4都市は既に「環境モデル都市」に選定されている。

各都市のプログラムの狙いを被災地、被災地以外に分けて図10、図11に示す[8]。

図10　被災地から選ばれた６都市[8]

①	釜石市	・エネルギーの地産地消と産業創出 ・生きがいの持てるまちづくり
②	陸前高田市 住田町 大船渡市	・世界初の地域分散型蓄電システム付メガソーラー ・多極分散型の地域づくり
③	東松島市	・サステナブルな成長力と安心・安全な生活都市 ・スマートコミュニティと健康住宅の推進
④	岩沼市	・震災がれきを活用した造成による自然環境との調和 ・メガソーラー事業中心のスマートグリッド
⑤	新地町	・発電ビジネスの展開 ・ICTを活用した情報インフラの構築、公共交通の整備
⑥	南相馬市	・エネルギー循環　・地域内の世代循環 ・循環型地域産業

図11　被災地以外から選ばれた5都市[8]

①	下川町	・自立型の森林産業の創出 ・森林バイオマスを中心としたエネルギー完全自給
②	柏市	・最先端の技術を活かしたスマートシティ化 ・公民学連携による都市経営
③	横浜市	・知の蓄積を軸とした取組 ・高齢化に対する市民力を活かした地域の支え合い
④	富山市	・LRTを中心に、公共交通を軸としたコンパクトシティ ・生薬生産システムの構築
⑤	北九州市	・アジア展開と官民連携 ・地域連携による住民主体の健康づくり

被災地から選ばれた6都市と被災地以外から選ばれた5都市について、構想、取り組みのより詳しい内容をそれぞれ図12（Ｐ１６６〜Ｐ１７１）、図13（Ｐ１７２〜Ｐ１７６）に示す。各自治体によって作成された構想、取り組みをベースに、ここでは少し単純化して表示している。

図12　環境未来都市の構想、取り組みの詳細［被災地］　Ｐ１６６〜Ｐ１７１

図13　環境未来都市の構想、取り組みの詳細［被災地以外］　Ｐ１７２〜Ｐ１７６

内閣官房地域活性化統合事務局（２０１２）「環境未来都市構想」取り組み紹介（http://futurecity.rro.go.jp/torikumi/）を基に作成

被災地の６都市においては、３・11の大震災後長期にわたってエネルギーが途絶した体験を踏まえて、再生可能エネルギーを活用して地域でのエネルギー供給の自立を目指すスマートコミュニティ構築の計画が多い。被災地における新たなインフラの立ち上げを含むゼロベースからのまちづくりは、発展途上国の都市計画に対して良いモデルを提供するものと期待される。被災地以外の5都市においては、より積極的にまちの活性化や新成長を目指す水準の高い提案が多い。いずれの構想においても自律的な発展を目指しているのが特徴である。

被災地の都市における取り組みの具体化は、復興計画との関連もあり、多くの困難に直面している。事務局に設置されている推進ボードのメンバーの支援の下に、各自治体が当初計画の見直しを含めて具体的計画を固めている。

【釜石市】　環境未来都市構想 ～ 全国の小都市に先駆ける釜石の新たな挑戦 ～

2050年の釜石の姿

豊かな環境と快適な住まい	働く場とうるおいのある暮らし	人やモノや情報の交流
低炭素・省エネ・省資源による資源循環型社会	自分の役割に喜びを感じながら暮らせる共助のまち	人と人、まちとまちが繋がる交流都市

三陸の大地に光り輝き、希望と笑顔があふれるまち

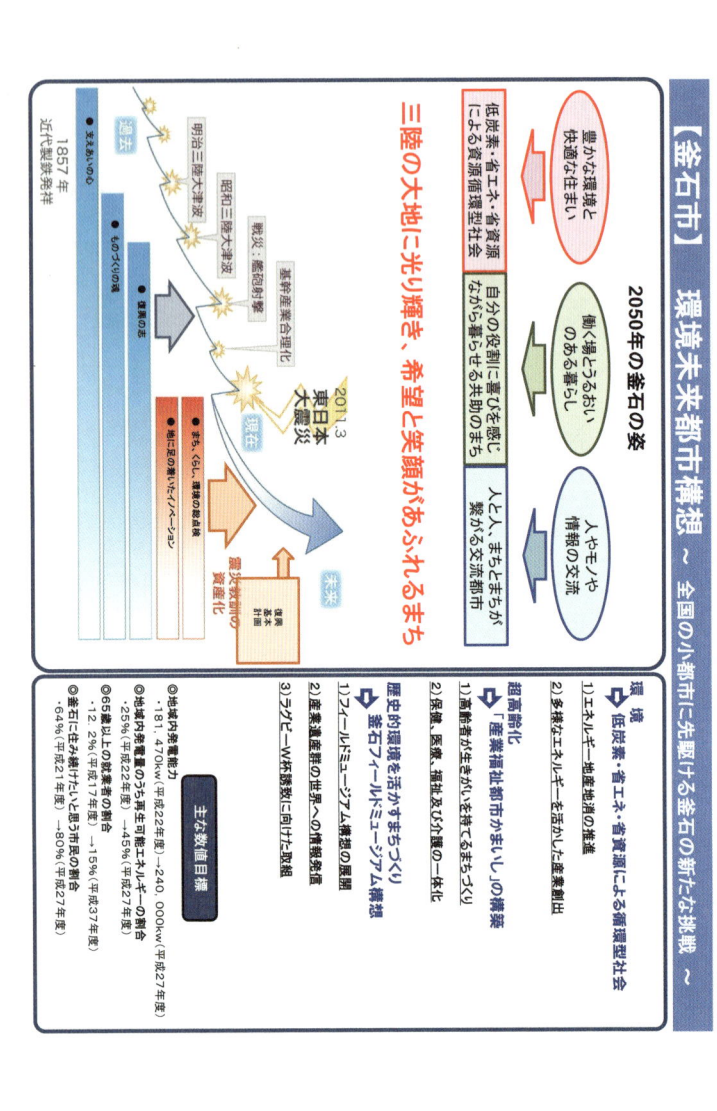

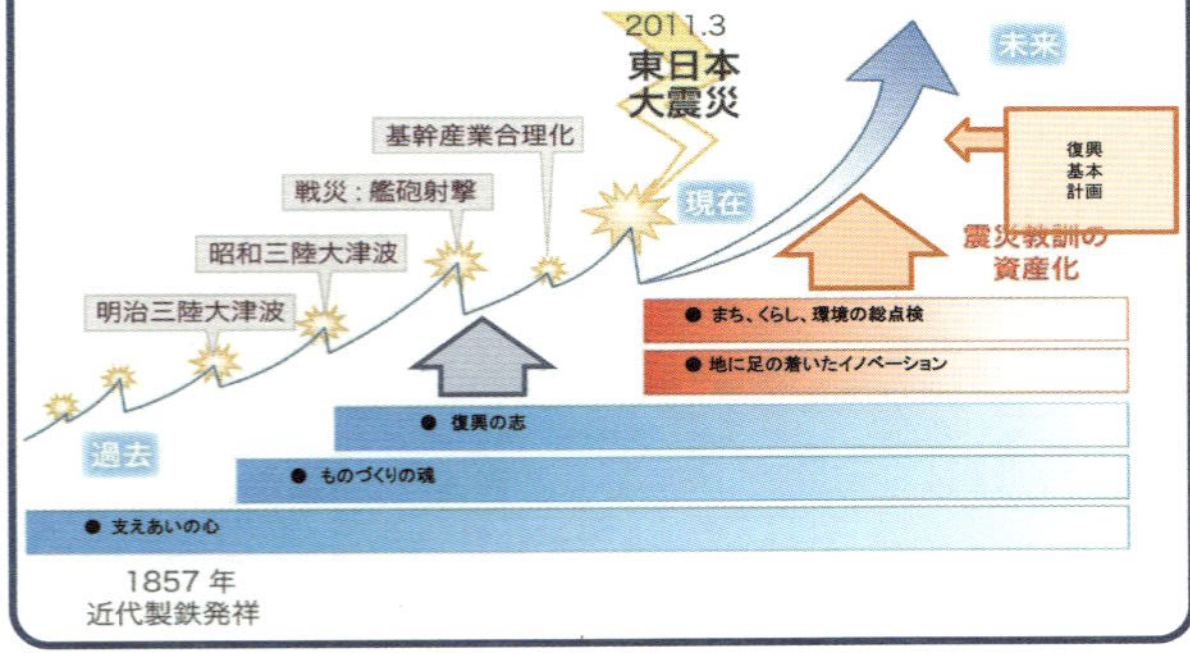

環　境

➡ **低炭素・省エネ・省資源による循環型社会**

1）エネルギー地産地消の推進

2）多様なエネルギーを活かした産業創出

超高齢化

➡ **「産業福祉都市かまいし」の構築**

1）高齢者が生きがいを持てるまちづくり

2）保健、医療、福祉及び介護の一体化

歴史的環境を活かすまちづくり

➡ **釜石フィールドミュージアム構想**

1）フィールドミュージアム構想の展開

2）産業遺産群の世界への情報発信

3）ラグビーW杯誘致に向けた取組

主な数値目標

◎地域内発電能力
・181，470kw（平成22年度）→240，000kw（平成27年度）

◎地域内発電量のうち再生可能エネルギーの割合
・25％（平成22年度）→45％（平成27年度）

◎65歳以上の就業者の割合
・12．2％（平成17年度）→15％（平成37年度）

◎釜石に住み続けたいと思う市民の割合
・64％（平成21年度）→80％（平成27年度）

【大船渡市／陸前高田市／住田町】　環境未来都市構想

- 東日本大震災によって被災した都市を環境・社会・経済の価値を相乗的に創造する、世界に誇れる環境防災未来都市として復興し、東北地方の復興まちづくりのモデルかつ小規模都市の世界のモデルとする。
- 気仙地域（岩手県大船渡市、陸前高田市、住田町で構成）で創設した都市社会システムを国内外へ普及・展開することも視野にいれる。

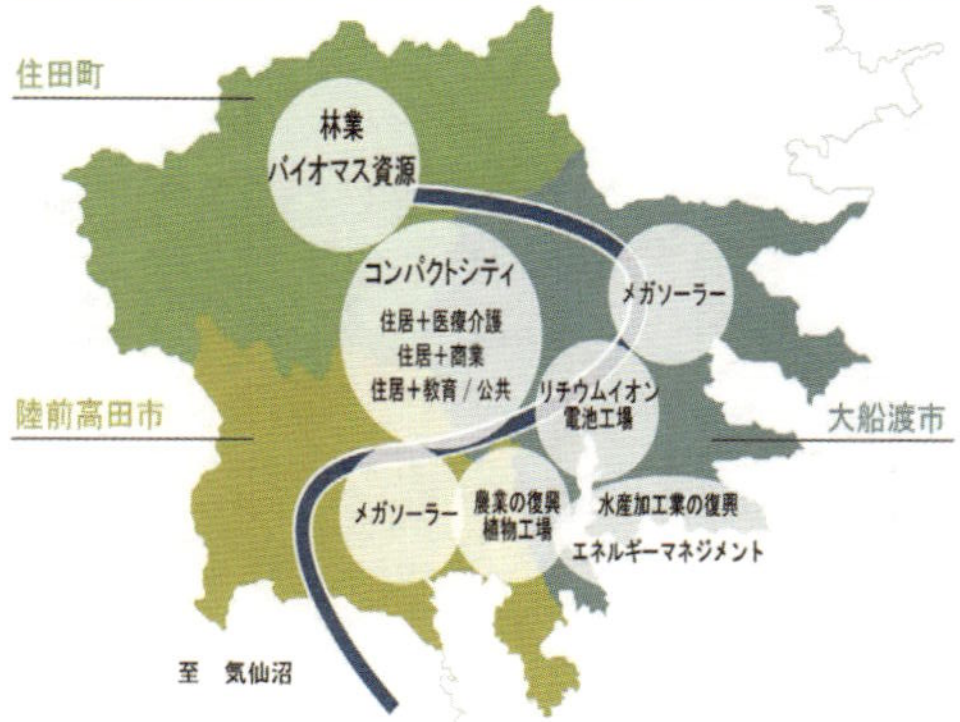

環　境

- 蓄電池を付帯したソーラー発電所の建設
- 既存電力と再生可能エネルギーのハイブリッド・エネルギーシステムの構築

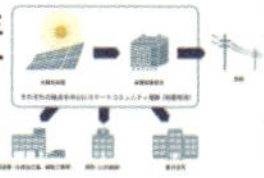

超高齢化対応

- 高台を利用した高齢者に配慮した連結型コンパクトシティの創設
- 高齢者にやさしい交通環境と先進移動の手段の整備
- 高齢者生活拠点の防災強化
- 介護・福祉の先進モデルの創出
- 農業の復興を含めた高齢者の雇用創出

その他：産業復興

- 大規模定置型蓄電池産業の振興
- 先端技術及びノウハウを活用した農林水産業の振興
- 海と森の共生を目指した木材利用手法
- 植物工場と流通システム
- 木造環境住宅団地開発モデル

【東松島市】　あの日を忘れず　ともに未来へ　東松島一新

復興まちづくり計画＝環境未来都市

東松島一心（一進）となって、未来へ向かい、2050年には、東日本大震災を経験した世代と次の世代が一緒になってまちづくりの担い手となり、自然災害から立ち直った象徴的なまちとして世界各国からの来訪者を招き入れ、国内で最も住民が誇りをもちながら、健康で安心して暮らすことのできるまちを目指します。

【取組内容の主な目標数値】

①環境

市内自然エネルギー自給率
H23　1%未満⇒H38　120%

②超高齢化

国民健康保険加入者ひとりあたり年間医療費
H23　241,682円⇒H38　217,513円

65歳以上就業率
H23　29.29%⇒H28　33.44%

③防災

避難所におけるエネルギー自給率
H23　0%⇒H28　100%

防災都市見学・研修視察者数
H23　なし⇒H28　2,500人

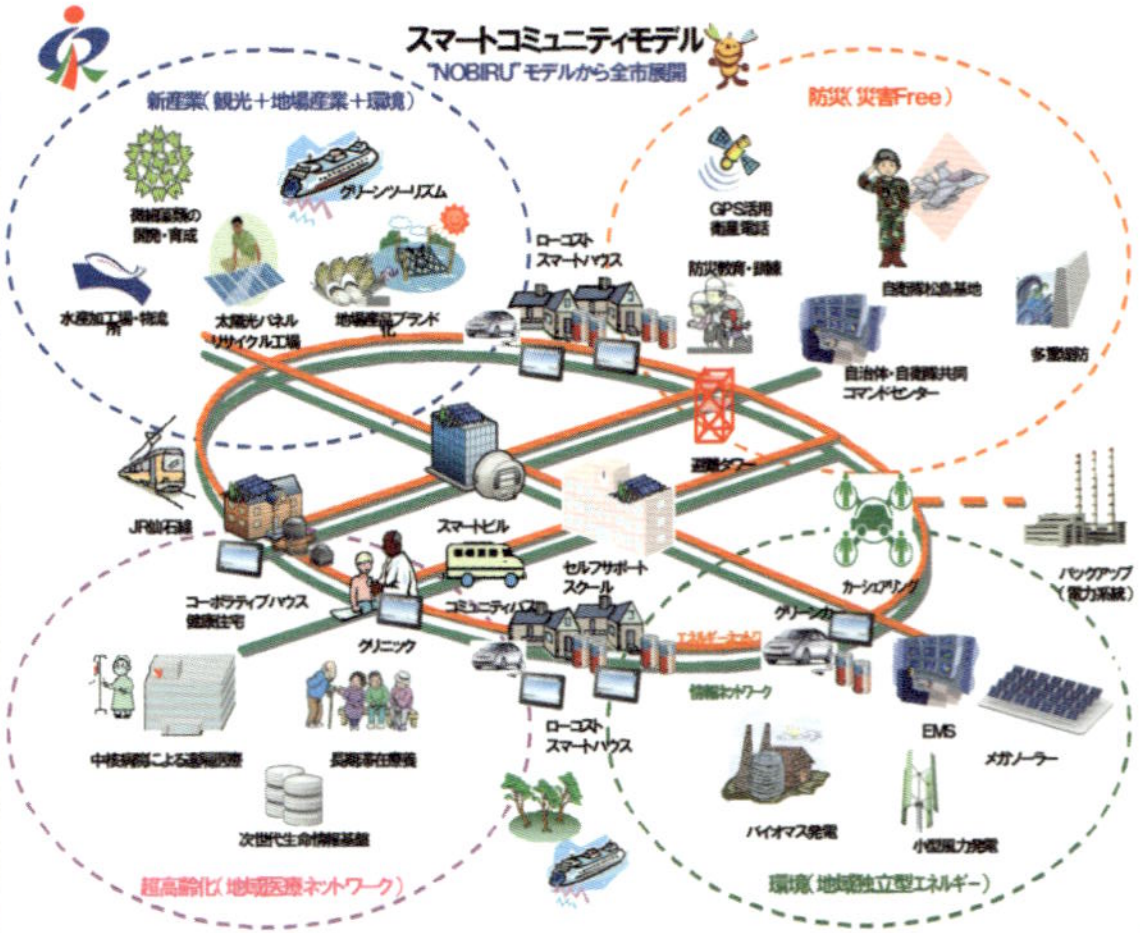

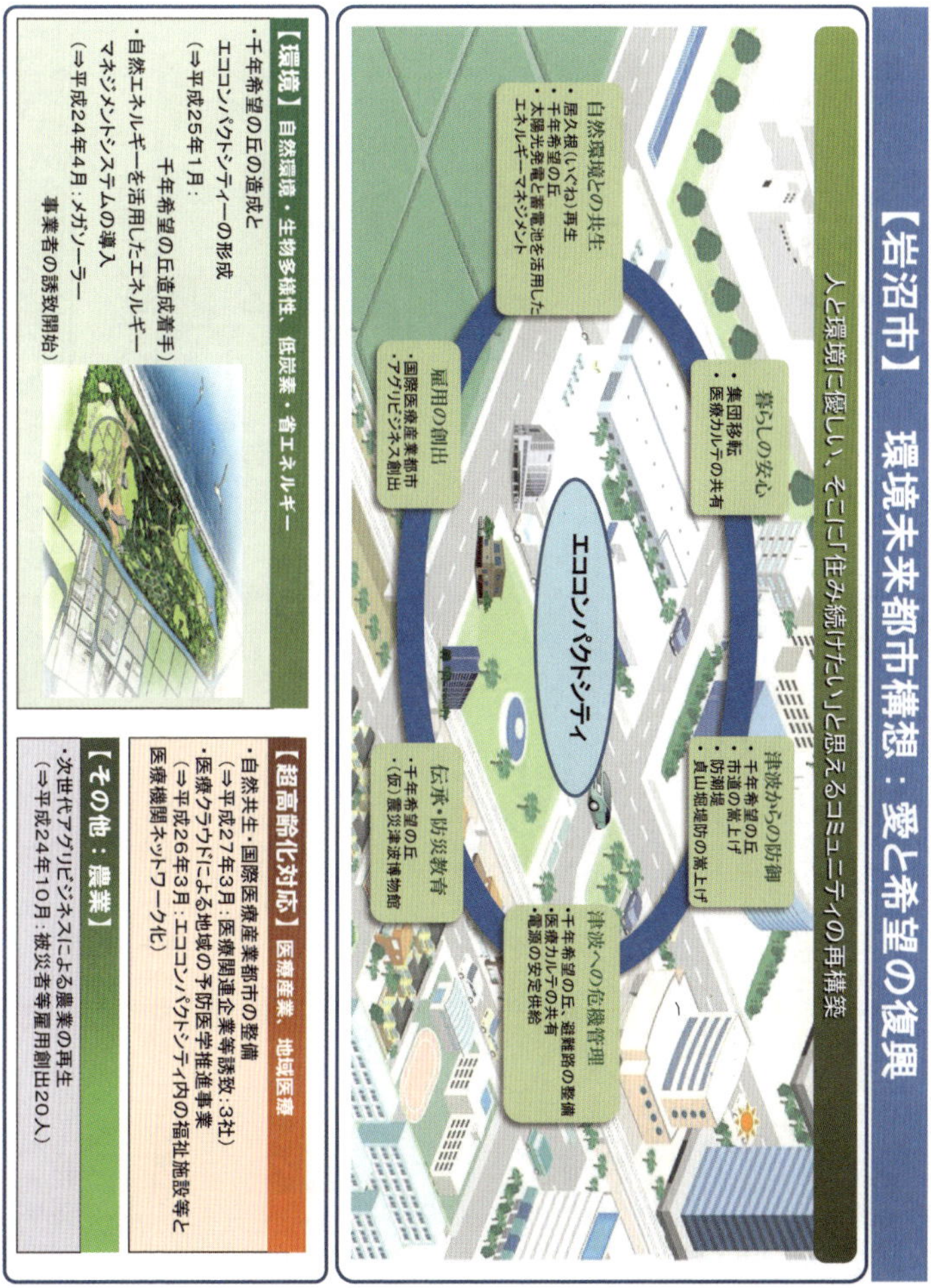
【岩沼市】　環境未来都市構想：愛と希望の復興
人と環境に優しい、そこに「住み続けたい」と思えるコミュニティの再構築
暮らしの安心
・集団移転
・医療カルテの共有
津波からの防御
・千年希望の丘
・市道の嵩上げ
・防潮堤
・貞山堀堤防の嵩上げ
自然環境との共生
・居久根（いぐね）再生
・千年希望の丘
・太陽光発電と蓄電池を活用したエネルギーマネジメント
エココンパクトシティ
津波への危機管理
・千年希望の丘、避難路の整備
・医療カルテの共有
・電源の安定供給
雇用の創出
・国際医療産業都市
・アグリビジネス創出
伝承・防災教育
・千年希望の丘
・（仮）震災津波博物館
【環境】自然環境・生物多様性、低炭素・省エネルギー
・千年希望の丘の造成とエココンパクトシティーの形成
（⇒平成25年1月：千年希望の丘造成着手）
・自然エネルギーを活用したエネルギーマネジメントシステムの導入
（⇒平成24年4月：メガソーラー事業者の誘致開始）
【超高齢化対応】医療産業、地域医療
・自然共生・国際医療産業都市の整備
（⇒平成27年3月：医療関連企業等誘致：3社）
・医療クラウドによる地域の予防医学推進事業
（⇒平成26年3月：エココンパクトシティ内の福祉施設等と医療機関ネットワーク化）
【その他：農業】
・次世代アグリビジネスによる農業の再生
（⇒平成24年10月：被災者等雇用創出20人）

【新地町】　「やっぱり新地がいいね」〜環境と暮らしの未来（希望）が見えるまち

将来ビジョン（環境）

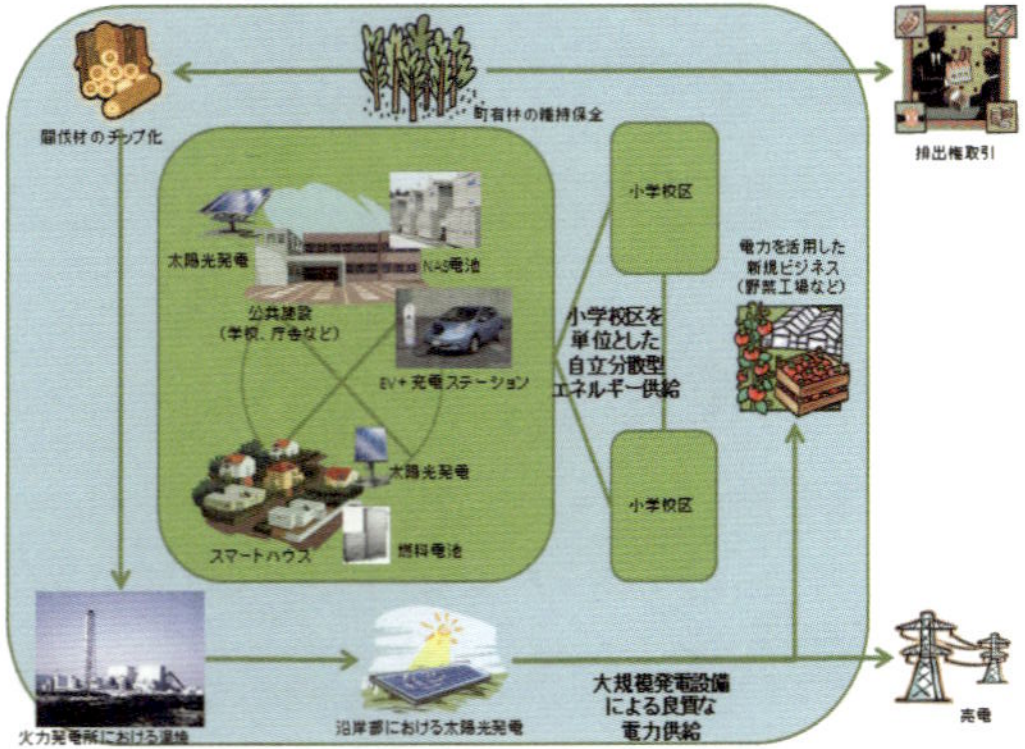

①自然と共生する海のあるまち

②人のKIZUNA（絆）を育むまち

③命と暮らし最優先のまち

主な数値目標（10年後の目標値）

・本町内の電力需要に対する
　自然エネルギーによる電力自給率（0%⇒100%）
・木質バイオマスのエネルギー利用量（0万トン⇒20万トン）
・公共施設や住宅のエネルギー自給率（10%以下⇒約60%）
・タブレット型情報端末の普及（412台⇒約2，500台）
・地域のコミュニティビジネスの状況（若干名⇒約400人）

【環境】低炭素・省エネルギー

・太陽光発電施設（メガソーラー）
・バイオマス発電・熱供給
・小中学校を核とした地域分散・ 自立型電力供給システムの構築
・大規模野菜工場

【超高齢化対応】地域の介護・福祉

・オンデマンド交通システムの高度化
・オンデマンド交通のEV化及び地区毎の充電ステーションの配置
・地域内の情報基盤の整備
・新たな情報端末の利用による地域情報の発信

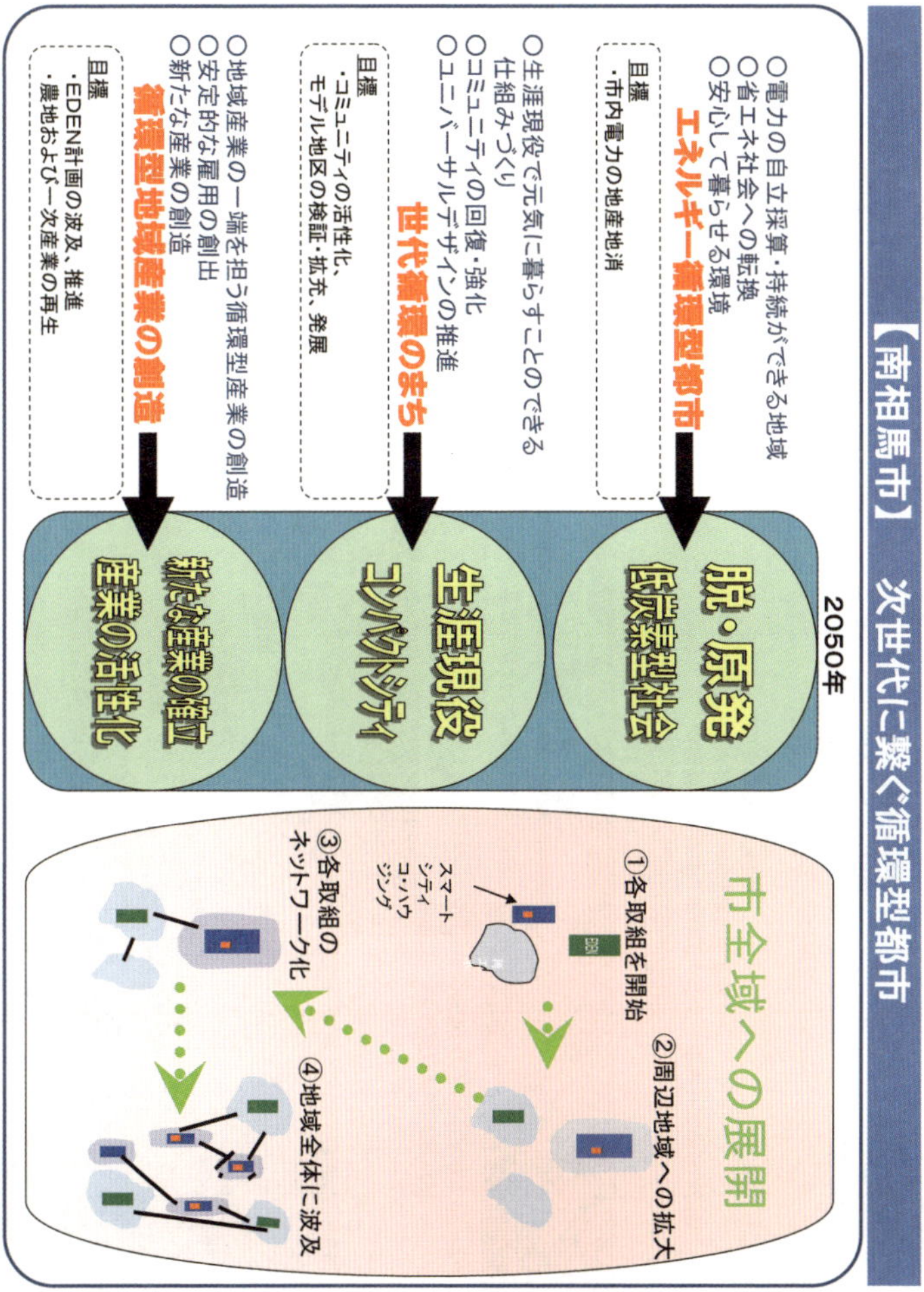
【南相馬市】次世代に繋ぐ循環型都市
2050年
○電力の自立採算・持続ができる地域
○省エネ社会への転換
○安心して暮らせる環境
エネルギー循環型都市
目標
・市内電力の地産地消
脱・原発
低炭素型社会
○生涯現役で元気に暮らすことのできる仕組みづくり
○コミュニティの回復・強化
○ユニバーサルデザインの推進
世代循環のまち
目標
・コミュニティの活性化、モデル地区の検証・拡充、発展
生涯現役
コンパクトシティ
○地域産業の一端を担う循環型産業の創造
○安定的な雇用の創出
○新たな産業の創造
循環型地域産業の創造
目標
・EDEN計画の波及、推進
・農地および一次産業の再生
新たな産業の確立
産業の活性化
市全域への展開
①各取組を開始
スマートシティ
コ・ハウジング
②周辺地域への拡大
③各取組のネットワーク化
④地域全体に波及

【下川町】　人が輝く森林未来都市しもかわ

森林総合産業

林業システムの革新
林産システムの革新
森林文化の創造

エネルギー自給と低炭素化

小規模分散型再生可能エネルギー供給システムの整備
エネルギー作物栽培の事業化
炭素本位制の構築

超高齢化対応社会モデル

集住化モデルの構築
高齢者雇用の拡大
長期的健康づくり

自立・自律する発展基盤

研究開発・教育研修・インキュベーション機関の設立
地域ファンドの設立
豊かさ指標の開発

【富山市】 コンパクトシティ戦略による富山型都市経営の構築

～ソーシャルキャピタルあふれる持続可能な付加価値創造都市を目指して～

都市のかたち

●公共交通を軸としたコンパクトなまちづくり

公共交通の利便性が高まり、その沿線に住宅や商業等の様々な都市機能が集約した「コンパクトシティ」が実現している。

- 住宅・商業施設等の立地促進
- 地域全体の活性化による税収増加
- 企業の生産性の向上
- 行政コストの効率化
- 地域の雇用拡大

▶ **効率的な都市経営の実現（サステナブルな地方都市の創出）**

市民生活

●歩いて暮らせる人間中心の快適なまち

●都市の諸機能が集積した利便性の高い生活

【数値目標】公共交通利用者数：62,432人（H21）→ 64,000人（H28）

【数値目標】総人口に占める公共交通が便利な地域の人口割合：32%（H17）→ 35%（H28）

●スローライフの場としての農山村の暮らし

【数値目標】認定農業者の占める経営面積比率：29.3%（H22）→ 70%（H28）

産業活動

●国際競争力のある薬都とやま

【数値目標】製薬関連企業の出荷額：1,617億円（H21）→ 2,686億円（H30）

●再生可能エネルギー型産業の振興

【数値目標】再生可能エネルギー導入量：0.3GJ/年（H17）→ 1,217,891GJ/年（H42）

地方都市が抱える課題の解決モデルを提示

LRTネットワークの形成

【環境】

- 公共交通の活性化
- 中心市街地・公共交通沿線での都市機能の集積
- 再生可能エネルギーの活用

海洋バイオマスを活用した資源循環システムの構築

【超高齢化対応】

- 歩いて暮らせるまちづくり
- 生薬生産システムの構築
- 人との触れ合いによる介護予防、在宅支援サービス

生薬生産システムの構築

【その他：農林業】

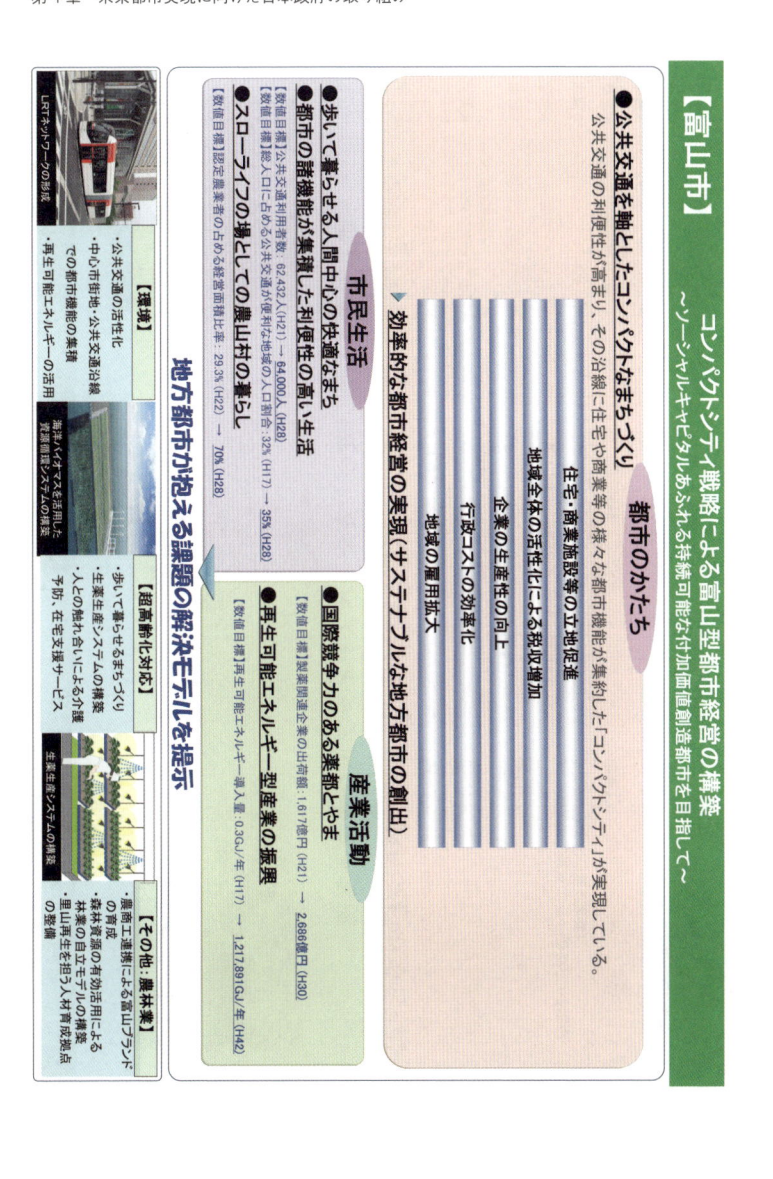

- 農商工連携による富山ブランドの育成
- 森林資源の有効活用による林業の自立モデルの構築
- 里山再生を担う人材育成拠点の整備

【柏市】　柏の葉キャンパス「公民学連携による自律した都市経営」

誰もが暮らしたい安心・安全・サステイナブルな都市を実現

【環境】スマートシティ

エリア・エネルギー管理システム（AEMS）

平常時：地域エネルギーの一元管理による効率利用
災害時：ライフライン（水ポンプ、避難所、高層エレベーター）に優先供給

- 取組1.『柏の葉・AEMSセンター』の整備
- 取組2. ホワイト証書（カーボンオフセットシステム）
- 取組3. 再生可能エネルギー地産地消システム
- 取組4. 大規模ガス発電機の配備
- 取組5. 非常時における街区間電力融通
- 取組6. マルチ交通シェアリング・システム拡充
- 取組7. 柏ITS情報センター設立

【超高齢化応】健康長寿都市

取組8.　元気高齢者が活躍できるコミュニティ構築

取組9. トータルヘルスケアステーション創設
- すべての高齢者に疾病・介護予防サービスを提供
- リハビリ、口腔ケア、栄養指導等を包括的に提供
- 作業・理学療法士、歯科衛生士、栄養士等で構成

【その他】新産業創造都市

取組10.　大学・研究機開発ベンチャーへの総合的支援

取組11.　個人（エンジェル）による創業支援のモデルケースの実現

取組12.　アジアの大学発 ベンチャーのネットワーク化

アジア各国の技術系ベンチャー企業による国際的なアワードを柏の葉で開催

取組13.　地域の力を地域で育てる地域力ポイント制度

取組14.　ローカルルールに基づく道路等の柔軟な維持管理

【横浜市】 OPEN YOKOHAMA —ひと・もの・ことがつながり、うごき、時代に先駆ける価値を生み出す「みなと」—
開港以来の「進取の気風」、
たゆみなく社会を変革する「市民力」で
新しいシステム・サービスを
多様性に富んだ既成市街地に織り込む
「都市のリノベーション」
低炭素型エネルギーネットワークや
医療・介護・福祉・子育ての
切れ目ない連携が支える
幸せな市民生活
ひとつの都市の中に
自然に恵まれた生活空間と
機能的なビジネス空間が
共存する趣ある魅力的なまちなみ
環境技術・ライフイノベーションなど
強みを活かした産業の創出、
文化芸術を堪能できる空間における
人・都市の交流
【数値目標の例】再生可能エネルギー導入：27MW　企業誘致・新規立地件数：60件以上／年
低炭素／水
➢ 地域エネルギーマネジメント　システム（CEMS）の構築
蓄電SCADA
情報ネットワーク
HEMS
CEMS
EV
BEMS
➢ 横浜の上下水道技術を活かした国際貢献
超高齢化対応
➢ 高齢者による社会貢献の経済活性化への波及
・ 楽しみながら健康維持・地域活動に参加できる仕組みづくり
➢ 温かなコミュニティ・コンパクトなまちづくり
・ 高齢者・子育て世代・若者の共住
・ 住民やNPO、福祉団体連携で高齢者を見守り支え合う仕組み
・ 医療・福祉連携による支援
クリエイティビティ/チャレンジ
➢ グローバルな都市ブランド確立
・ 最高水準の文化芸術をあらゆる拠点で発信
・ 文化芸術の賑わいでMICE*誘致
＊多くの集客交流が見込まれるビジネスイベント等の総称
➢ イノベーションを生み続ける産業のパイオニア
・ グローバル企業の本社機能・研究開発拠点誘致
・ ライフサイエンス拠点の形成

【北九州市】 環境未来都市構想

環　　境	超高齢化対応	国際環境ビジネス 復興支援
○スマートコミュニティ創造事業 ○戦略的国際環境協力 ○まちの森プロジェクト ○北九州資源リサイクル拠点の形成	○救急医療体制、リハビリテーション体制の充実 ○地域主体の健康づくりの推進 ○地域福祉ネットワーク北九州モデルの充実・強化	○アジア低炭素化センター(海外水ビジネスなど) ○スマートコミュニティ創造事業などの成果を活用した被災地復興支援

図14　環境未来都市事業の流れ

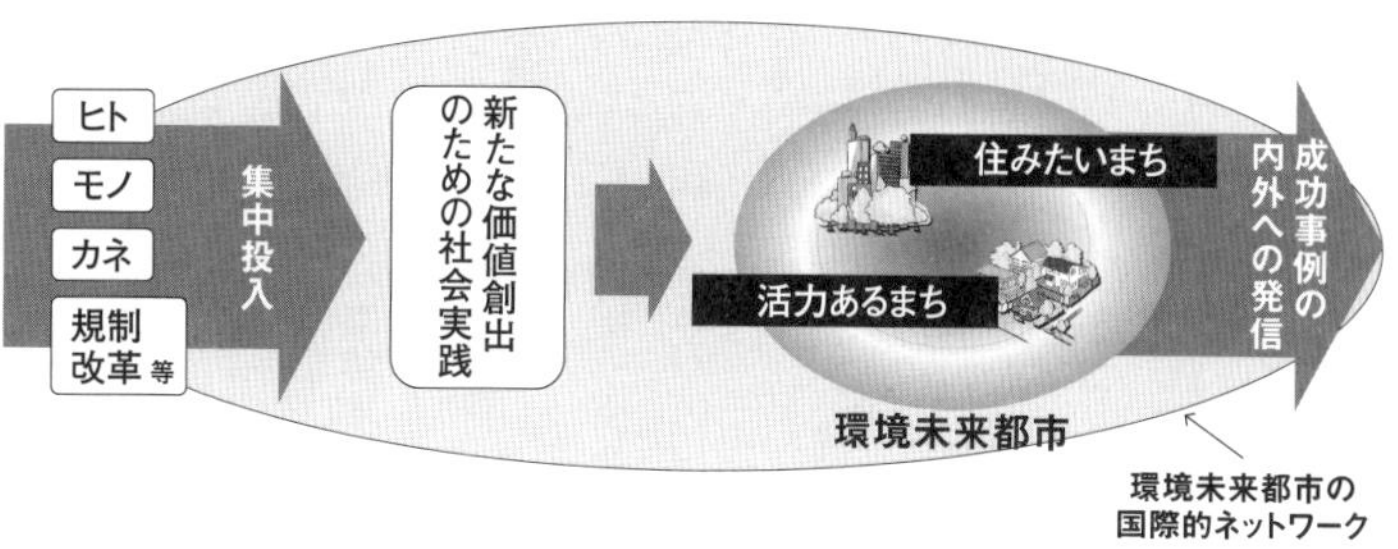

4・8 「環境未来都市」事業の流れと推進体制

事業の流れ

「環境未来都市」事業の流れを図14に示す。まず対象都市に対して「ヒト」・「モノ」・「カネ」を集中投資して規制改革等も進め、新たな価値創出の社会実践を進める。これは環境・社会・経済にかかわる新たな価値創出のための社会イノベーションということができる。その結果として、住みたいまち、活力あるまちを実現し、その成果を「環境未来都市」の成功事例として全国に波及させていく。

地方と中央を結ぶ３つの組織

上記の流れを円滑に推進していくためには、次に示す３つのレベルの組織を通じて事業推進を図ることが必要となる。

・国レベルの全体構想を策定する組織

- 国と各環境未来都市の具体的プロジェクトを結ぶアドバイザリーボード
- プロジェクトの具体的推進を担う各自治体の実行組織

選定された自治体においては、この３者の連携の枠組みを意識して、強力なガバナンスの下に自律的発展に向けた事業推進の実施が求められている。

自律的発展を目指して

前述のように、地域が自律的に発展する仕組みをつくることが「環境未来都市」プログラム成功のカギとなる。そのためには、上記の３つのレベルの組織を含め、自律的推進が可能な執行体制の構築が重要となる。

具体的には、地域の産業や市民が能動的に参加できる組織をつくることである。自律的であるためには国からの補助金に過度に依存しない体質を整備しなければならない。つまり、「金の切れ目がプロジェクトの切れ目」にならないように、最初から自律的発展を意図した事業推進の仕組みをつくることが強く期待されている。

自律的にプロジェクト・マネジメントできる執行体制の構築のためには、第一に必要なのが人材、特にトップリーダー、中堅リーダーの育成が必要となる。環境モデル都市の事例を見ても、成功の背景には必ず素晴らしいリーダーの存在を指摘することができる。

自律的推進のためには、資金メカニズムの整備も重要である。都市づくりに産業界の参加を促して民間資金を積極的に活用する仕組みを整備することが強く期待される。そのためには、ＰＦＩ、ＰＰＰなどの導入が推奨される。民間資金の活用は持続可能な都市システムの実現に大きな貢献を果たす。

4・9 事業推進、成果の波及と「環境未来都市」ネットワーク

事業が進展した段階での重要なプロセスは、図14に示すようにプログラムの成果を広く波及させて、社会が恩恵を共有できる仕組みをつくることである。そのためには「環境未来都市ネットワーク」をつくり、趣旨に賛同する多くの都市／地域／コミュニティに参加してもらうことが重要となる。当然、海外都市の参加も可能な仕組みにして、また総合特区に選ばれた自治体／地域とも連携すべきである。

一方、「環境モデル都市」と「環境未来都市」という日本政府による2つのプログラムは連携すべきものである。2・4で紹介した「低炭素都市推進協議会」は環境モデル都市の成果の共有、波及を目的に設立されたものであるが、２０１２年5月、これを「環境未来都市構想推進協議会」に発展的に改組することが決定された。今後両プログラムが連携して都市の低炭素化や活性化を推進する枠組みが構築された。

東日本大震災で被害を受けた多くの都市／地域の復興という観点では、被災地と被災地以外の「環境未来都市」が連携・補完し、復興に貢献できるような仕組みをつくることも重要である。

大事なことは継続的に進めることである。環境未来都市は厳選しながらも毎年少しずつ選定を続けるという予定である。環境モデル都市も追加選定される予定である。両者は単なる併存でなく、補完的、階層的構造を持った枠組みに組織化される予定である。継続性はこれらのプログラムの重要な理念である。

[1] OECD (Organisation for Economic Co-operation and Development) (2012)『OECD GREEN CITIES PROGRAMME (http://www.oecd.org/dataoecd/44/37/49318965.pdf)』

[2] 内閣官房地域活性化統合事務局（２００８）『環境モデル都市構想(http://ecomodelproject.go.jp/)』

[3] 内閣官房地域活性化統合事務局（２００９）『環境モデル都市のアクションプランの公表について(http://ecomodelproject.go.jp/doc/D12)』

[4] 経済産業省（２００９）『次世代エネルギー・社会システム協議会について(http://www.meti.go.jp/committee/summary/0004633/index.html)』

[5] 経済産業省（２０１０）『次世代エネルギー・社会システム実証マスタープラン(http://www.meti.go.jp/policy/energy_environment/smart_community/community.html#masterplan)』

[6] 内閣官房地域活性化統合事務局（２０１０）『環境未来都市構想(http://futurecity.rro.go.jp/)』

[7] 首相官邸（２０１０）『「新成長戦略」について(http://www.kantei.go.jp/jp/sinseichousenryaku/sinseichou01.pdf)』

[8] 内閣官房地域活性化統合事務局（２０１２）『環境未来都市構想—環境未来都市計画 (http://futurecity.rro.go.jp/torikumi/)』

第5章

全国自治体の環境性能評価

本章の主題は都市の環境性能評価である。評価の目的は、持続可能な文明構築に向けて都市環境の実態を把握し、計画のあり方を見直し新しい計画を策定することである。本書では冒頭から環境負荷Ｌ（Load）の削減と環境品質Ｑ（Quality）の向上による持続可能文明の構築について述べてきた。ここに示す都市環境評価もこの理念に沿うものである。既存の「ＣＡＳＢＥＥ」ツールと同様の枠組みに基づいて、都市における環境負荷Ｌ、環境品質・活動度Ｑや環境効率Ｑ／Ｌの詳細な評価を通して、持続可能な都市の在り方を探ることを意図している。

評価に際しては、評価対象の定義や評価範囲を示す境界条件の設定が重要である。〝都市〟という言葉の定義は様々であるが、もっとも明確な定義の一つがいわゆる市区町村と呼ばれる行政単位としての基礎自治体である。都市の評価は一般に行政の取り組みに関連してなされることが多いので、ここでの評価対象は自治体に絞って考察を進める。

第５章は、他の４章に比べやや専門的な内容が含まれている。細部まで読み通す時間のない読者は、最後の日本地図に示された全国自治体の評価の部分だけにでも目を通していただければ幸いである。

1　都市環境性能評価の背景と位置づけ

1・1　性能の見える化と環境性能評価の位置づけ

格付けの意義

海外旅行をするとき、ミシュランなどによる星の数に基づくホテルの格付けは重宝である。このような格付けはいわゆる性能の見える化で、社会的なサービス財に対する専門家による専門情報の定量化と社会発信ということができる。このような性能の見える化という情報公開は、専門情報から遠い位置にいる一般ユーザーにとって、情報非対称の解消という意味で効果は大きい。ミシュランが始めたサービス産業に対する格付けに対し、日本の芸道、武道における段位制度や英国で始まったゴルフのハンディキャップは、個人の技能に対する格付けであるが、見える化の趣旨や得られる効果は同様である。

世界の評価・格付けツール

建物や都市の性能評価ツールである「ＣＡＳＢＥＥ」も性能の見える化を目的としている[1]。建築や都市は社会資産そのものであるから、性能の見える化の意義は一段と大きい。建物の性能評価は、１９９０年に英国で発表された「ＢＲＥＥＡＭ」（ブリーム）をもって嚆矢とする[2]。「Ｂ

ＲＥＥＡＭ」の開発目的は地球環境問題が深刻化する状況の下で、建物性能を見える化して社会に向かってその結果を発信することにより建物から発生する環境負荷の削減を図ることである。この手法の趣旨は広く世界の理解を得て、現在では建設活動の盛んな国で独自の評価ツールを持たない国はないほどに普及し、建築分野の環境負荷削減に多大な成果を挙げている。その中で、もっとも活発に利用され国際的に注目、評価されているのが、日本の「ＣＡＳＢＥＥ」、北米の「ＬＥＥＤ」（リード）[3]、英国の「ＢＲＥＥＡＭ」等である。「ＬＥＥＤ」、「ＢＲＥＥＡＭ」をはじめとして、「ＣＡＳＢＥＥ」以外のすべてのツールがもっぱら環境負荷Ｌの削減を評価対象としているのに対し、「ＣＡＳＢＥＥ」では環境負荷Ｌの削減と同時に、環境品質Ｑの向上も評価の対象にしている点が環境評価ツールとしての独自性である。スリム化を推進するツールとして「ＣＡＳＢＥＥ」が有効であると言われるゆえんである。

住宅／建物の性能評価でスタートしたツール開発の世界の動きは、その後、地域スケール、都市スケールへと拡大しつつある。この流れの中で、本章で紹介する「ＣＡＳＢＥＥ都市」は、現時点では世界で唯一の都市スケールの評価ツールである[4][5][6]。

評価・格付けの波及効果

性能の見える化は、情報公開による情報非対称の解消というユーザーに対する便益だけでなく、性能の向上というインセンティブを建物オーナー／建築設計者／施工者や自治体関係者に与える。

建築／都市分野においては、評価・格付けツールの開発・普及の次の段階として、見える化を通した建築／都市産業の市場変革というテーマが新しい課題となる。すなわち、格付け結果の公表により、建物オーナー、設計者、自治体を含むステークホルダーに、環境性能の優れた建物や都市を設計・建設するインセンティブを与えるという波及効果が得られるので、これをバネにして市場変革を図ることができる。その具体的仕組みが第3章の図13に示されている。

性能の見える化を通した市場変革は、法律の規制による性能向上でなく、社会に対する情報発信と自律的運動による市場変革であるという点に大きな意義がある。性能評価という行為がもたらすこのような市場変革の動きは既に日本や北米で確認され、世界に波及する勢いであり、建築／都市分野の地球環境負荷削減に対する大きな貢献が達成されつつある。

1・2　都市環境評価の背景と必要性

「環境モデル都市」、「環境未来都市」などのプログラムが進行する状況の中で、未来都市の構想に際して都市の環境や活動度を評価することは最も重要な作業の一つである。本章ではこの課題の具体的手法について解説する。前述のように、２０１２年時点で発表されている建物評価からスタートした都市環境の評価ツールは日本で開発された「ＣＡＳＢＥＥ都市」のみであるので、これをベースにして都市環境評価の枠組みを示す。

環境の評価を試みる場合、最初のステップは、評価に必要とされるデータを収集することである。建築の評価に比べ、都市環境評価はこの点で大きな困難に直面することが多い。このようなデータは、一般に基礎自治体単位で取りまとめられていることが多い。本章のタイトルを都市環境評価としないで、自治体の環境評価としているのは、このためである。「ＣＡＳＢＥＥ都市」では、様々の経緯を経て、公開データのみを用いて評価できる構成としている。

未来都市の構想においては、都市環境の実態や各種施策の進捗度合いを把握することが必要不可欠である。長期にわたる都市環境計画を円滑に推進するためには、具体的な施策を計画（Plan）し、その計画に沿って施策を実行（Do）し、定期的に問題点がないかを確認（Check）し、問題点があれば改善策を講じる（Act）といういわゆるＰＤＣＡサイクルを回すことが有効である。都市環境評価は、まず第一にこのCheckの部分に相当するものである。次に環境評価を継続的に実施して取り組みの進捗実態をモニタリングすることによって、施策の効果を見える化することも可能である。さらに、都市環境評価を実施して現状を把握してから将来目標をPlanするという活用の方法もあり得る。将来目標の提示は自治体当局だけでなく、市民にとっても有効なものである。このように、都市環境評価の利用方法は現在から将来にわたる計画策定や意思決定に関わる多面的なもので、現在の状況の評価のみに止まるものではない。この点が、建物の評価と大きく異なる点である。

第４章で述べたように「環境モデル都市」の選定やその後の評価に際しては、主としてCO_2

図１　CASBEE都市開発の狙い

CASBEE都市開発の目的

→「環境モデル都市」や「環境未来都市」をはじめ、全国市区町村の実態や過去に推進されてきた施策の成果や活動の『客観的な』評価
→劣化が進んだ都市の環境・社会・経済システムの再活性化

評価ツール開発の基本的理念

- 低炭素化は必要条件であっても十分条件ではない
- 低炭素化と同時に、環境品質・活動度Ｑの向上
  →環境負荷削減と環境品質・活動度Ｑ向上の両者を考慮した総合的評価
  →評価結果の単純明快な表示と、都市の環境性能の“見える化”
  →自治体の環境政策策定に利用しうるツール

排出量に着目して、将来に向けた削減努力を評価している。しかし「環境負荷」と対をなす「環境品質・活動度」、即ちＱＯＬ（Quality Of Life）に係る側面については十分な評価がなされていないのではないかという指摘がなされてきた。そこで、都市環境を評価する際には、環境負荷Ｌと環境品質・活動度Ｑを同時に把握することが重要だという認識の下に、都市の環境性能評価ツール「ＣＡＳＢＥＥ都市」の開発が進められた。「ＣＡＳＢＥＥ都市」開発の狙いを図１に示す。これを受けて、「環境未来都市」では、プログラムの狙いはＬの削減やＱの向上を加えたより幅広い側面に及んでいる。

1・3　ストックの評価とフローの評価

都市環境評価におけるタイムスケール

一般に、都市の環境は長い時間の経過の中で多くの活動の蓄積、すなわちストックとして実現されるものであ

る。それに対して、自治体における環境施策は年度単位でなされることが多く、いわばフローとして実施されているものである。フローの蓄積として、ストックとしての現在の都市環境が実現しているのである。すなわちフローは変化量を、ストックは状態量を示す。自治体の取り組みや個人・企業による個々の活動は、フローのレベルでは顕在化させることができるが、ストックのレベルでは一般に「都市」の中に埋没するのでこれを見ることはできない。

参考として、北九州市における市内の純生産当たりのCO_2排出量の経年変化を図２に示す[7]。八幡製鉄（当時）をはじめ重厚長大産業を抱えて公害問題に悩んだ北九州市は、産業界と協力して早くから環境改善に取り組み産業分野での低炭素化に成功している。同図に示すように、１９６３年からの約10年間でCO_2排出量は劇的に減少している。ここで、ある一年の削減量がフローに相当する。１９８０年代以降において達成されている少ない純生産当たりCO_2排出量は現状としてのストックを示すもので、それ以前の長年にわたる努力、すなわちフローの積分として与えられるものである。１９８０年代以降におけるフローとしての変化量は大変小さいが、過去のある断面では変化量が非常に大きかった年もあったわけである。

都市の環境評価に際しては、この点に十分に配慮することが重要である。これを企業の財務評価に例えていうなら、フローとしての損益計算書に対して、ストックとしての貸借対照表という位置づけを考えることができる。この仕組みを比較して図３に示す。

したがって、フローとしての取り組みの評価とストックとしての都市環境の評価は、着目して

図2　市内純生産当たりのCO_2排出量の経年変化(北九州市の事例) [7]

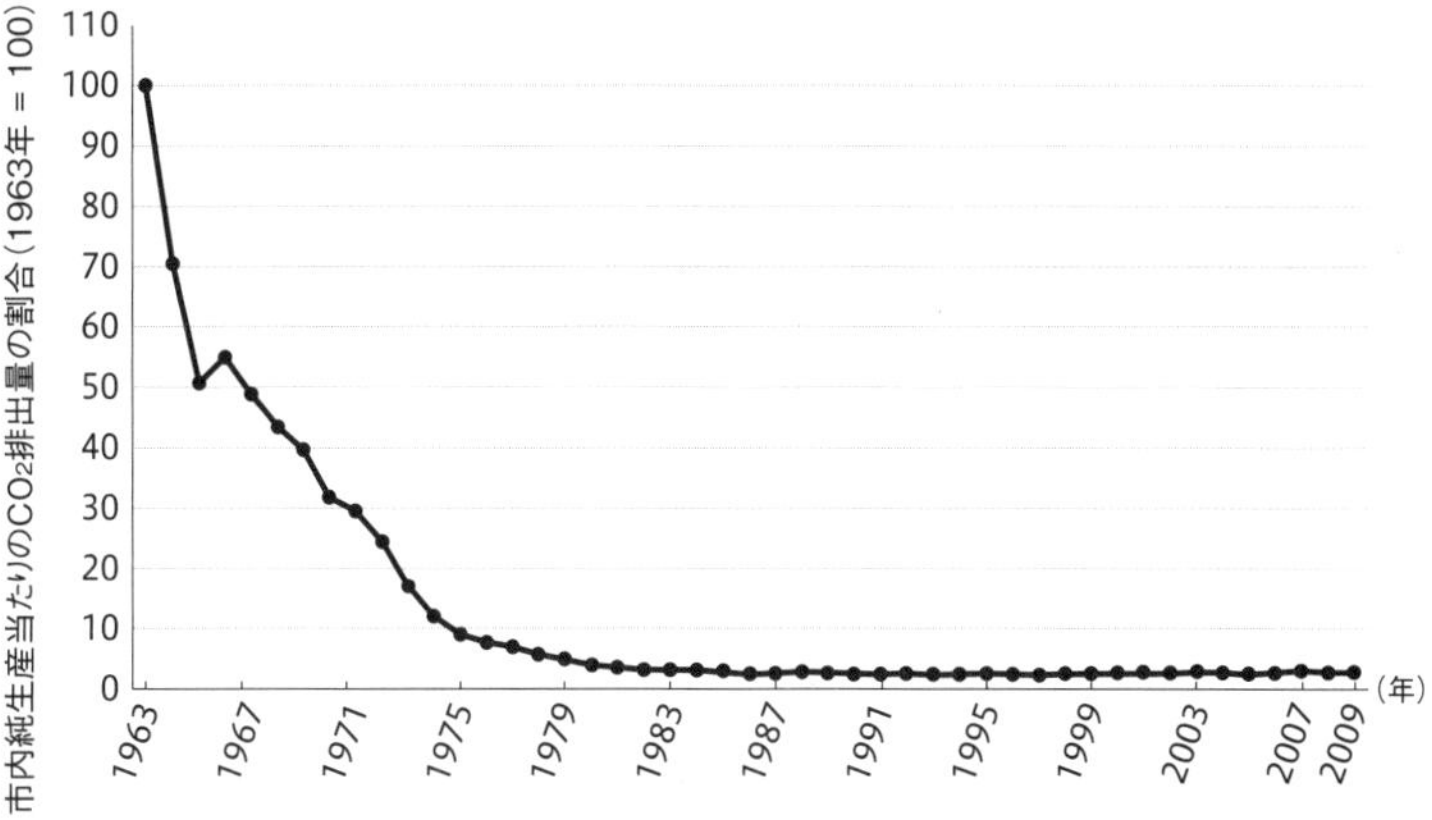

図3　都市環境評価と企業財務評価におけるストックとフロー

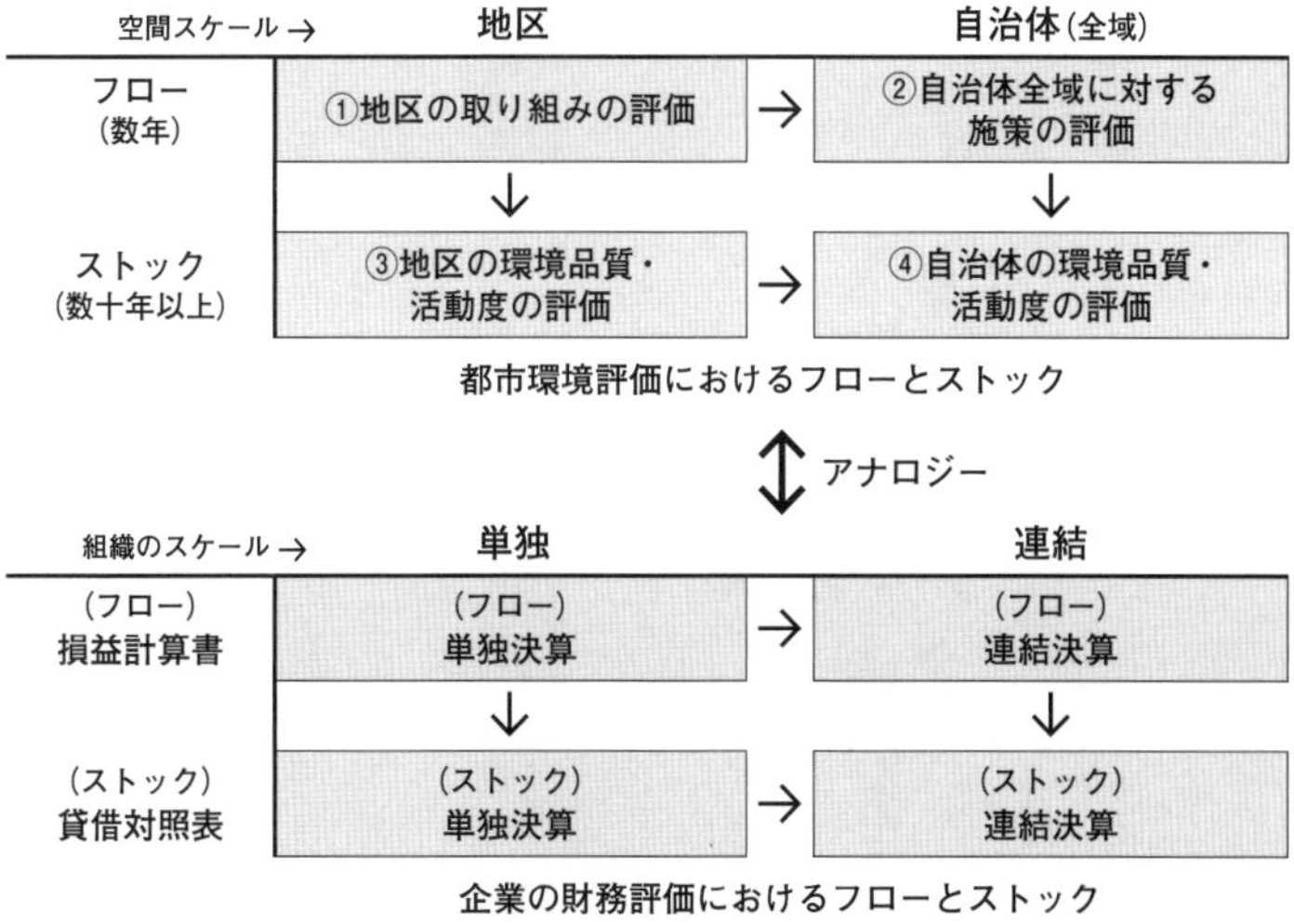

いる時間軸に関して都市の活動の全く別の側面に光を当てていることに留意しておく必要がある。また図3には、取り組みや評価対象の空間スケールも併せて示されている。一般にフローとしての取り組みは自治体の一部の地区を対象として実施されるものが多いが、都市環境評価と呼ばれるものは一般に自治体全体を対象としている。

取り組みの評価と都市環境の評価

「環境モデル都市」や「環境未来都市」のプログラムにおいても、自治体から提示される取り組みは会計年度をベースとした数年単位で、かつ自治体の一部の地区を対象にしたものが多く、これらは図3の①の部分に対応するものである。ちなみに、第4章2・6で示した環境モデル都市の評価結果は、図3の①か②に対応する。これに対して、「ＣＡＳＢＥＥ都市」は図3の④の部分を評価するツールである。「ＣＡＳＢＥＥ都市」の評価項目は一般に都市のストックとしての性能を表している。例えば環境負荷Ｌの評価尺度として年間一人当たりの$ＣＯ_2$排出量を用いている。これはフローとしての変化量でなく、図2の縦軸の状態量に相当するものである。数年単位の取り組みで高い評価を得た都市を、「ＣＡＳＢＥＥ都市」を用いてそのストックの側面を評価した結果必ずしも高い評価とはならないという結果が生じることがある。これは着目している時点やタイムスケールが異なるという問題であって、評価方法の欠陥ではないことをよく認識しておく必要がある。

例えば、重工業を抱える都市の一人当たりCO_2排出量は、当然商業系都市のそれに比べ一般に大きい。工業系都市におけるCO_2排出量が多いことはストックの側面を表している。重要なことは、環境負荷の削減に向けたフローとしての努力、取り組みである。いわば〝低炭素化に向けた汗のかき方〟が問われる。地道なフローの積み重ねにより、工業生産量当たりのCO_2排出量の少ないクリーナープロダクションに基づくスリムな工業都市を実現することができる。

会計年度を単位として推進される自治体行政の下では、まずなされるべきことはフローとしての取り組みの評価である。取り組みの評価に関しては、個々の取り組みの進捗状況のチェックや数値目標の達成度合いなど様々の手法が提案され用いられている。また評価の主体が自主評価か第3者評価により評価結果の意味するところは異なってくる。「環境モデル都市」において実施された評価の仕組みは第4章の2・6に示した。フローとしての評価の次にストックとしての評価を実施し、現状や将来目標を市民と自治体当局が共有し、両者が協力して改善に向けた長期計画を策定することが重要である。この仕組みについては本章3・4で述べる。

2　環境性能評価ツール「ＣＡＳＢＥＥ」

2・1「ＣＡＳＢＥＥファミリー」の構成

建築環境の性能評価システム「ＣＡＳＢＥＥ」（Comprehensive Assessment System for Built Environment Efficiency）は２００１年から国土交通省の主導で開発が開始されたものである[1]。10年余の年を経て、高度に体系化された「ＣＡＳＢＥＥファミリー」と呼ばれるツール群が整備されるに至った。「ＣＡＳＢＥＥ」の大きな特徴の一つは、図４に示すように住宅スケール、建物スケール、街区スケール、都市スケール等、様々なスケールの建物や地区・都市の評価に対応できるように構成されていることである。スケールの階層構造を図５に示す。この点が他国の評価ツールには見られない長所である。

「ＣＡＳＢＥＥ」は住宅・建物の評価ツールからスタートし、現在では民間企業における設計支援ツールや多くの自治体における行政支援ツールとして幅広く活用されるに至っている。建築基準法に関連して建物新築の届け出時に「ＣＡＳＢＥＥ」の評価結果の提出が求められる自治体が増えており、評価結果の大半は各自治体のウェブサイト等で公開されている。評価結果を公開することは関係者の意識を高めるのに極めて有効であり、これにより自らの建物の水準を認知することが可能である。自治体による評価結果の公開システムは海外でも高く評価されている。政

図4　CASBEEファミリーの構成[1]

系	ツール	正確／容易 専門／非専門	新築	既存	改修
住宅系	CASBEE戸建て	簡易な標準版	○＊	○	
	CASBEE住戸ユニット	簡易な標準版	●		
		超簡易版 （健康チェックリスト）		○	

系	ツール	正確／容易 専門／非専門	新築	既存	改修	派生ツール：敷地	派生ツール：短期使用	派生ツール：ヒートアイランド	派生ツール：学校（文科省版）
建築系	CASBEE建築 事務所、学校、物販飲食、集会場、工場、病院、ホテル、集合住宅	標準版	○	○	○		○	○	○
		簡易版	○＊	○＊	○＊	●			
		超簡易版 （不動産マーケット普及版）		○					

系	ツール	正確／容易 専門／非専門	街区	街区＋建築
街区系	CASBEE街区	標準版	○	○
		簡易版	○	○

系	ツール	正確／容易 専門／非専門	行政区 （過去・現在・未来）
都市系	CASBEE都市	標準版	○
		簡易版	○

○：開発済
●：開発中
＊：自治体などで活用

図5　CASBEEファミリーの階層構造

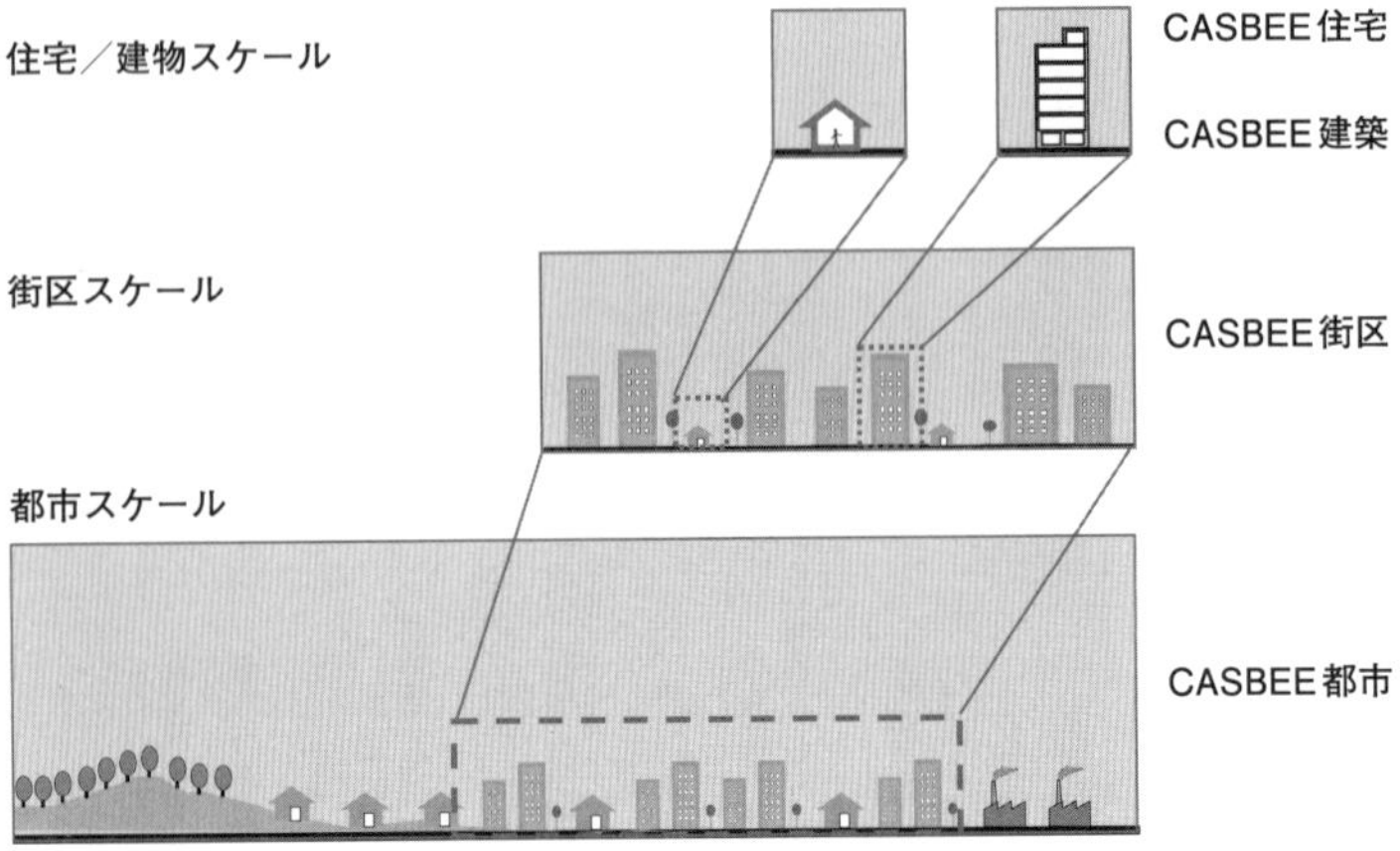

府の支援も得て、民間や公的機関における「ＣＡＳＢＥＥ」の活用事例は年を追って増加の傾向にある。

基礎自治体である市区町村を評価するために開発された「ＣＡＳＢＥＥ都市」は、図４の都市スケールのツールに属するものであり、最新版は２０１２年７月に発表されている[4]。

2・2「CASBEE都市」の構造[4]

「ＣＡＳＢＥＥ」の基本的理念に沿って、「ＣＡＳＢＥＥ都市」でも、評価する都市の周りに図６に示すような仮想的な境界を設け、この境界内部の環境品質や活動度Ｑの水準を評価する。仮想境界から外に出ていく外部不経済の側面を環境負荷Ｌとして評価する。そして、他の「ＣＡＳＢＥＥツール」同様、この両者の関係を

図6　CASBEE都市の枠組み

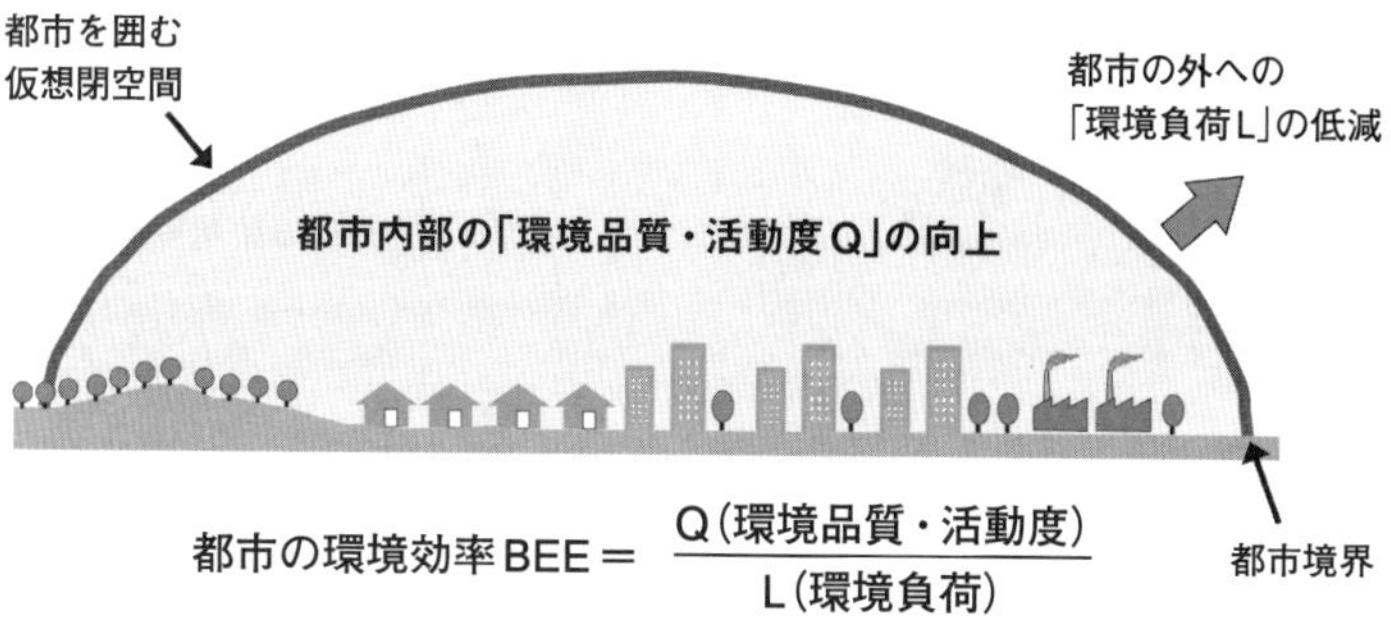

評価するために都市の環境効率ＢＥＥ（Built Environment Efficiency）を用いる。これは〈環境品質・活動度Ｑ÷環境負荷Ｌ〉で定義されるものである。環境効率の趣旨は、より少ない負荷でより高品質の都市を実現しようというものである。

「ＣＡＳＢＥＥ都市」においてはトリプルボトムラインと呼ばれる環境、社会、経済を評価の柱としている。その構造を図7に示し、これに基づいて設定されたＱの評価項目を表1に、Ｌの評価項目を表2に示す。表1、2に示す評価項目は、公開データを用いて評価することが可能なようにデザインされている。

「ＣＡＳＢＥＥ都市」における環境負荷Ｌにおいて、低炭素都市推進の観点から、CO_2排出量に焦点を当ててＬを評価している。本来Ｌの評価対象はCO_2排出に限定されるものではないが、現時点では低炭素化が政策課題として最も重要度が高いという理由からこのような内容としている。ただしＱ１環境の項目の中には、大気

図7　トリプルボトムラインに基づくCASBEE都市の評価項目

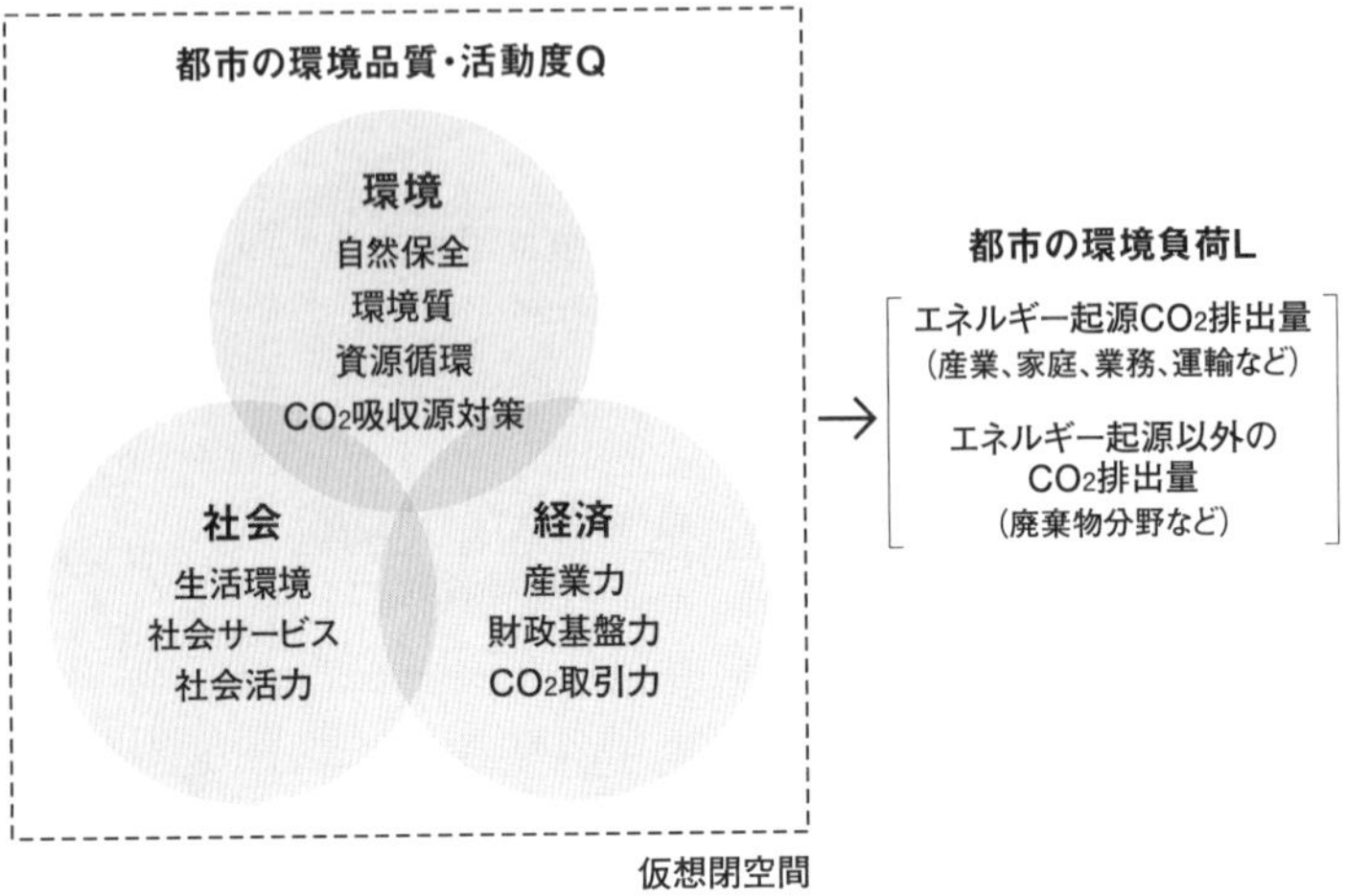

質、水質、一般廃棄物のリサイクル率などLに関係の深い項目が含まれており、分母のLで評価するかわりに、分子のQで評価するというデザイン上の工夫が施されている。

Qは、環境・社会・経済全般を対象に評価する。経済、社会の側面を重視していることが、建物スケールの「CASBEE」と大きく異なる点である。

Qの評価項目は以下の構成となっている。

Q1「環境」では①自然保全、②環境質、③資源循環、④CO_2吸収源対策、

Q2「社会」では⑤生活環境、⑥社会サービス、⑦社会活力、

Q3「経済」では⑧産業力、⑨財政基盤力、⑩CO_2取引力

表1　環境品質・活動度Qの評価項目

大項目	中項目	小項目
Q1　環境	Q1.1　自然保全	Q1.1.1　自然的土地比率
	Q1.2　環境質	Q1.2.1　大気質
		Q1.2.2　水質
	Q1.3　資源循環	Q1.3.1　一般廃棄物のリサイクル率
	Q1.4　CO_2吸収源対策	Q1.4.1　森林によるCO_2吸収源対策
Q2　社会	Q2.1　生活環境	Q2.1.1　住居水準充実度
		Q2.1.2　交通安全性
		Q2.1.3　防犯性
		Q2.1.4　災害対応度
	Q2.2　社会サービス	Q2.2.1　教育サービス充実度
		Q2.2.2　文化サービス充実度
		Q2.2.3　医療サービス充実度
		Q2.2.4　保育サービス充実度
		Q2.2.5　高齢者サービス充実度
	Q2.3　社会活力	Q2.3.1　人口自然増減率
		Q2.3.2　人口社会増減率
Q3　経済	Q3.1　産業力	Q3.1.1　1人当たりGRP相当額
	Q3.2　財政基盤力	Q3.2.1　地方税収入額
		Q3.2.2　地方債残高
	Q3.3　CO_2取引力	Q3.3.1　他地域でのCO_2排出抑制支援

表2　環境負荷Lの評価項目

大項目	中項目	小項目
L1　エネルギー起源CO_2排出量	L1.1　産業部門	－
	L1.2　民生家庭部門	－
	L1.3　民生業務部門	－
	L1.4　運輸部門	－
L2　エネルギー起源以外のCO_2排出量	L2.1　廃棄物分野、その他	－

Lの評価項目は、年間一人当たりのCO_2排出量としている。森林によるCO_2の吸収は「環境」で、またCO_2の取引は「経済」で評価している。

QもLもストックの側面を評価している。評価項目の候補は多々提案されたが、一番重要な点は、評価に必要とされるデータが入手できるかどうかである。評価の実行主体となる自治体と何度も協議して、利用可能性を考慮しながら評価項目の絞り込みを行った。

3　全国自治体の環境性能評価

3・1　環境負荷L（CO_2排出量）の評価の考え方[5][6]

Lの評価はCO_2の排出量に基づくが、その内容はエネルギー起源のCO_2排出量とエネルギー起源以外のCO_2排出量で構成されている。いずれも年間一人当たり排出量で評価を行う。これは図2の縦軸と同様のもので、ストックに対応する尺度である。

環境負荷の評価に際しては、前述のストックという問題に関連して、考慮すべき重要な側面がある。それは図8に示すように、「発生地型」による評価と「再配分型」による評価という二つの概念である。

図8　環境負荷Lの評価：「発生地型」と「再配分型」の2つの原則[5][6]

原則1：現状認識としての“発生地型”

- 製造業をはじめ、産業を抱える都市の環境負荷Lは当然大きい
- これは事実として受け止めるべき → 発生地主義
- 一方で、産業活動を通して他の都市に大きな恩恵を与えているという側面を無視してはならない

原則2：産業活動の、他地域への貢献に配慮した“再配分型”

- 産業に起因するCO_2を消費地側で計上する考え方 → 消費地主義
- この考え方に基づき、各地域において、産業部門からのCO_2排出を控除し、消費地（全国の地域）に再配分する評価方法
- 電力消費については、一般に再配分型で算定

➡ 2つの評価方法の必要性

現状認識としての発生地型による評価では、当該自治体で発生したCO_2排出量をそのままその自治体の排出分として計上する。この評価の方法では、工業生産を支える製造業等を多く抱える自治体の環境負荷は当然大きくなる。発生地型の評価では、CO_2発生の大小が明確に示されるので政府や自治体がCO_2の削減対策を検討する際には有効な情報を与える。

　このような工業系都市が外部不経済としての大きなCO_2排出を抱える一方で、他の都市はCO_2を発生することなく工業系都市からの製品供給の恩恵にあずかっているという構図を忘れてはならない。そこで「ＣＡＳＢＥＥ都市」では、便益を享受している他の都市も外部不経済の発生を共有することが適切であるという観点から、産業活動に伴うCO_2排出を生産地、消費地で共有する再配分型という概念を導入している。産業に起因するCO_2排出を消費

地側で計上する考え方、すなわち消費地主義である。この考え方に基づき、各自治体において、産業部門で発生したCO_2排出を一度控除し、控除された分を全国の消費地に人口に比例して再配分する評価方法を再配分型と呼んでいる。従来から、電力に関しては再配分型の考え方でCO_2排出を消費側に割り当てている。発電所が立地している自治体に発電所から発生するCO_2をすべて計上するのではなく、これを多くの自治体にまたがる電力を消費するエンドユーザーからの排出分として計上している。

このような考え方に基づき、「ＣＡＳＢＥＥ都市」ではＬに関して二つの評価方法を併用している。生産の側面に重点を置く発生地型と需要の側面に重点をおく再配分型では、それぞれの評価方法が持っている優劣は使用目的によって異なると考えられる。どちらか一つに絞る必要がある場合には、電力消費に関わるCO_2排出量算定の考え方にならって、再配分型を用いることが適切であると考えられる。

3・2　環境負荷Lと環境品質・活動度Qの評価

「ＣＡＳＢＥＥ都市」による環境負荷Ｌと環境品質・活動度Ｑの評価結果を、豊田市と京都市の事例について図9、図10に示す。

この評価は公開データに基づいてなされたものである。豊田市は製造業を中心とする第２次産

図９　環境負荷Ｌの評価事例：豊田市と京都市の比較

豊田市（工業系中規模都市）
人口は数十万人程度
製造業を中心とする第2次産業が発達

京都市（非工業系大規模都市）
人口は百万人を超える
商業を中心とする第3次産業が発達

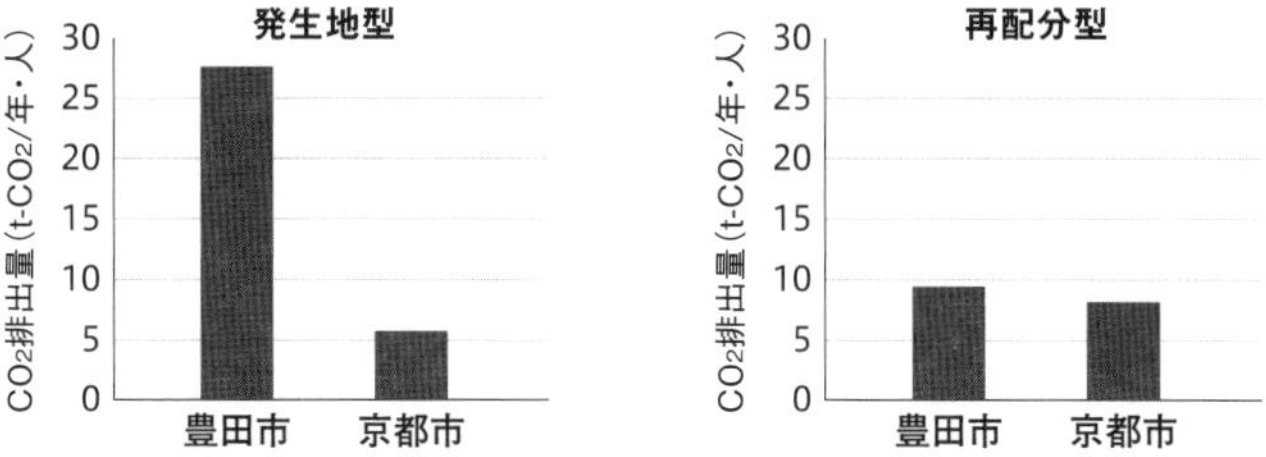

図10　環境品質・活動度Ｑの評価事例：豊田市と京都市の比較

豊田市（工業系中規模都市）

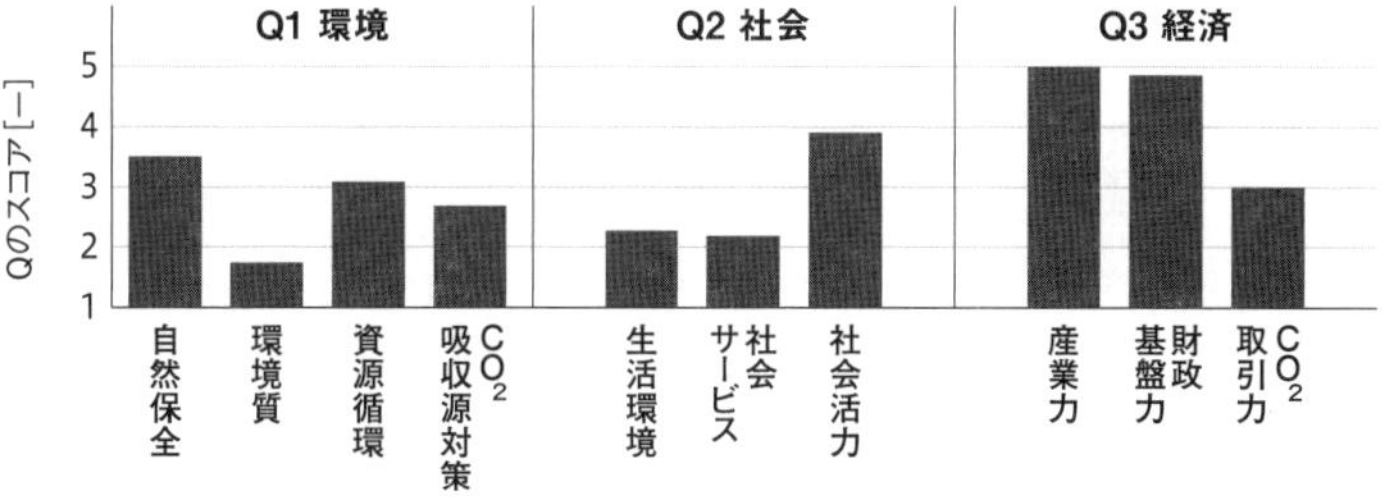

京都市（非工業系大規模都市）

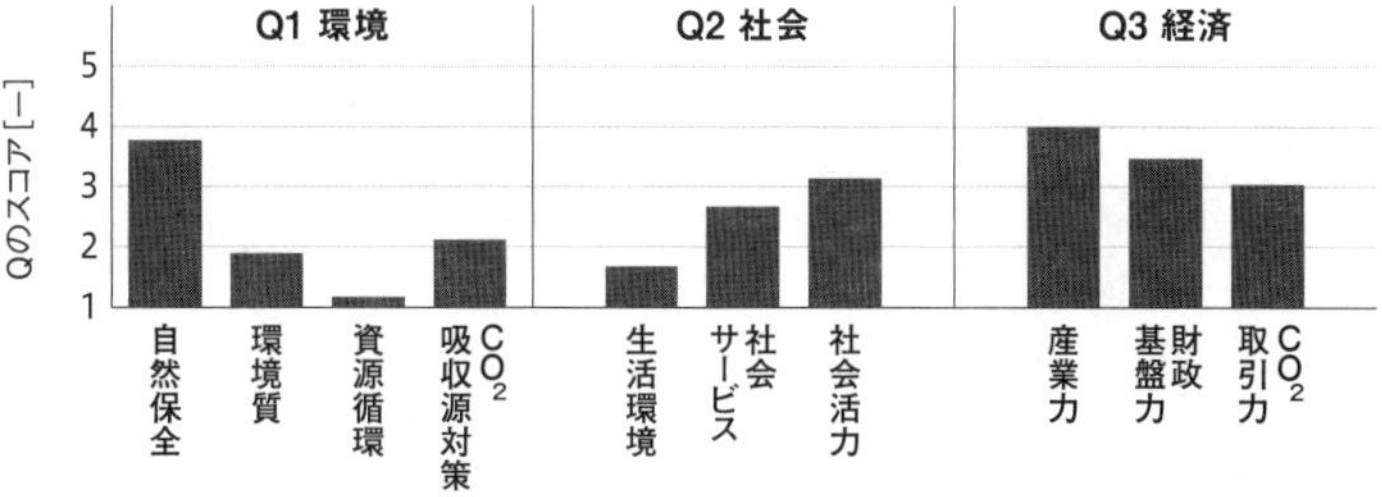

業が発達した工業系都市で、京都市は商業・観光産業を中心とする第３次産業が発達した非工業系都市である。発生地型の評価の枠組みでは、工業系都市の豊田市の年間一人当たりCO_2排出量が非常に大きくなっており、評価結果は低くなる。しかし再配分型の評価の枠組みでは、工業系都市である豊田市と非工業系都市である京都市のCO_2排出量の差はぐっと縮まる。市民一人一人に対して、消費生活に伴うCO_2発生量の大小を認識してもらうという意味で、再配分型の評価は有効である。

図10に環境品質・活動度Ｑの評価事例を示す。評価結果は環境、社会、経済の中項目毎にバーチャート上に示される。このように、要素毎に結果を〝見える化〟することによって、各都市の優れた面、劣った面を視覚的に把握することができる。

3・3　環境効率ＢＥＥによる都市環境の総合評価

図9、10に示した通り「ＣＡＳＢＥＥ都市」では、都市を環境品質・活動度Ｑと環境負荷Ｌの両側面から評価してその結果をバーチャートという形で示す。Ｑ、Ｌの評価結果は各々最終的に０点～１００点に換算され、Ｑ／Ｌで定義される都市の環境効率ＢＥＥが算出される。

ＢＥＥの評価結果は、「ＣＡＳＢＥＥ」の基本原則に則って、横軸に環境負荷Ｌのスコアを、縦軸に環境品質・活動度Ｑのスコアを配したＢＥＥチャートと呼ばれる２次元の図上に示される。

図11　2次元表示によるBEEの評価

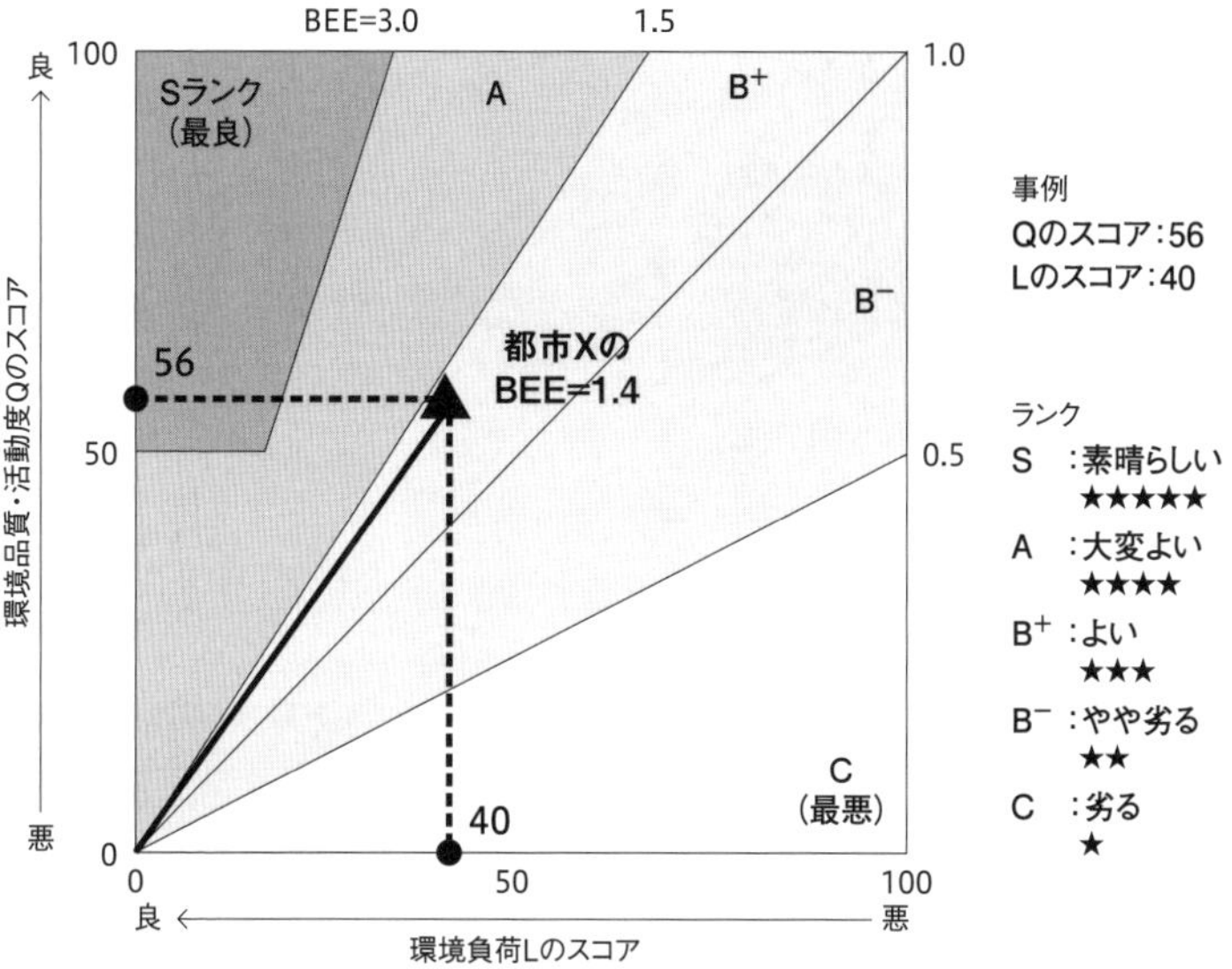

BEEの値に応じて、評価対象となる都市は1つ星のCランク★（劣る）から5つ星のSランク★★★★★（素晴らしい）の5段階に格付けされる。

図11に示す事例では、都市XのQのスコアは56、Lのスコアは40で、BEE＝56／40＝1.4となり、B^+ランク★★★と格付けされる。

環境モデル都市の評価

以上に解説してきた「CASBEE都市」に基づいて、日本の13の「環境モデル都市」と2つの欧州の歴史都市を評価した結果を示す。この評価は公開されたデータに基づいて行われたものである。図12に示す結果が、〝発生地型〟でBEEを評価し

図12　環境モデル都市の評価(発生地型)

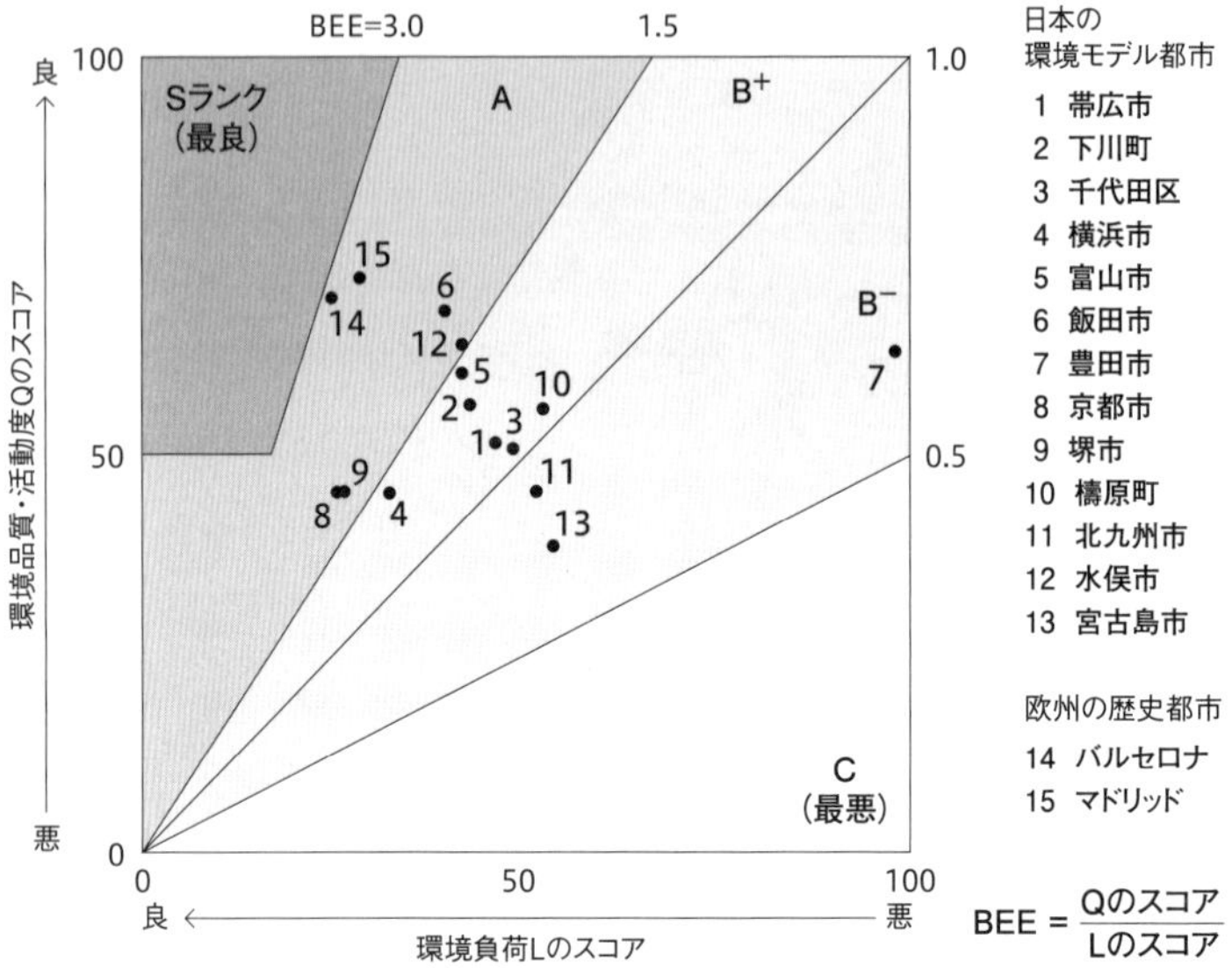

た結果であり、図13に示す結果が〝再配分型〟で評価した結果である。図12において、豊田市、北九州市、宮古島市、檮原町の横軸の値L（すなわち、一人当たりCO_2排出量）が大きい。しかし再配分型の図13においては、宮古島市を除く3自治体について、それらのプロットがBEEチャート上で左側にシフトし、Lが減少しているのが分かる。その一方、他の都市のプロットはBEEチャート上で同じ点にとどまるか、やや右側にシフトしている。豊田市と北九州市では工業活動が、檮原町では農林業が盛んで、結果的に産業活動に起因する人口一人当たりのCO_2排出量が多くなっており、発生地型の評価の

図13　環境モデル都市の評価(再配分型)

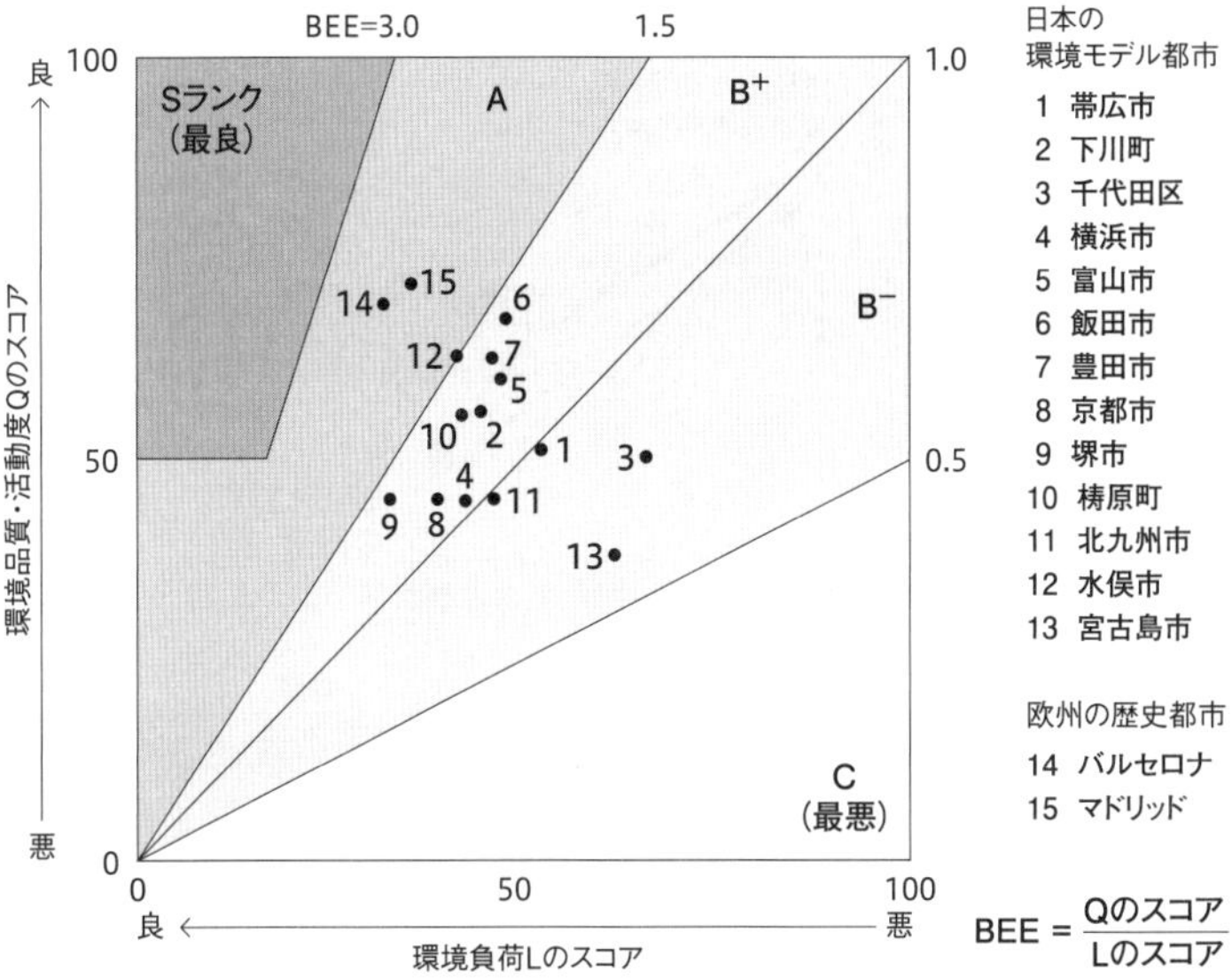

枠組みではLが多いという評価になる。しかし、このような都市における産業活動の他地域への貢献に配慮した再配分型の評価の枠組みでは、環境負荷の評価が見直されて、総合評価が向上することが分かる。

3・4　現状から将来に向けた政策目標の共有

多くの都市の環境性能を評価して開示することは、各自治体が自身の都市環境の現状を認識し改善に向けた取り組みに着手することにつながるので、結果的に日本全体の都市の環境性能を底上げする効果が期待される。更に重要な「CASBEE都

図14　現状から将来に向けた政策目標の共有（イメージ）

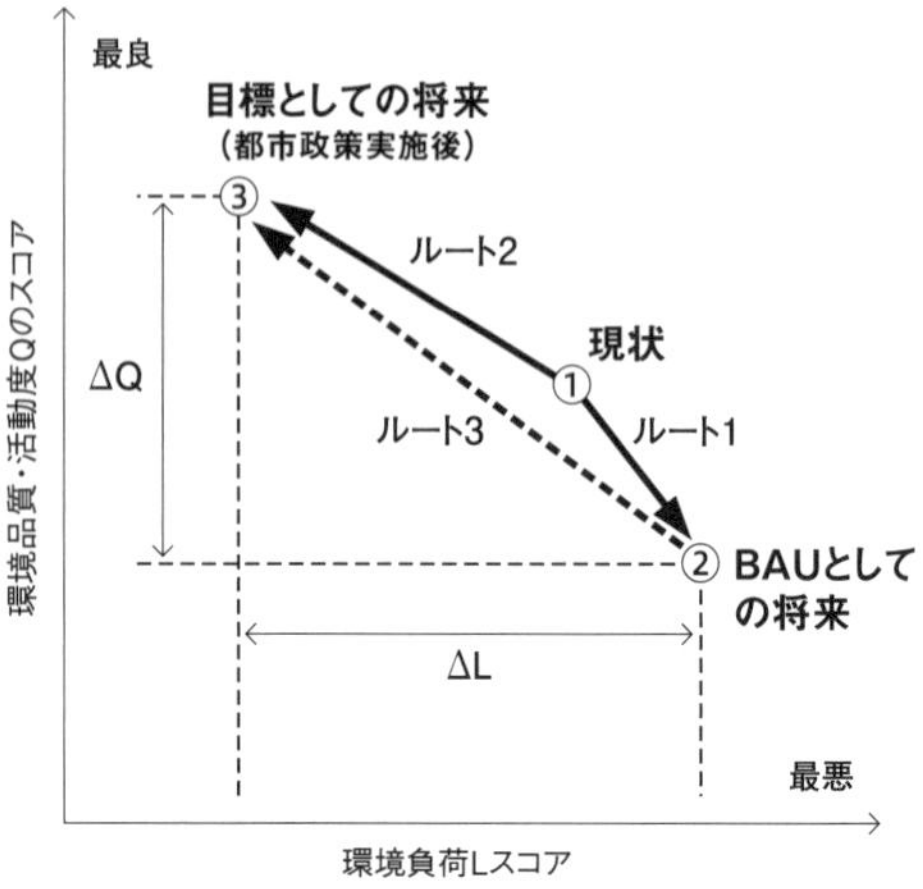

ルート1
特段の対策を施さない場合（BAU）の現状から将来へのルート

ルート2
十分な施策を施した場合の将来へのルート

ルート3
都市施策の効果を表す
ΔQが環境品質・活動度の向上分
ΔLが環境負荷の減少分

市」の利用方法は、現状の都市環境と都市政策の結果として予測される将来の都市環境を予測・比較し、将来に向けた政策目標を開示して市民を中心とする様々なステークホルダー間で将来目標を共有することである。将来に向けた目標とは、フローとしての毎年の努力を積み重ねて高いストックを達成することを意味する。

　将来目標共有のイメージを図14に示す。①が現状で、②がＢＡＵ（Business As Usual, 特段の施策を実施しない場合）としての将来、③が目標としての将来を示す。ルート1は特段の対策を施さない場合の現状から将来へのルートである。ここでは、環境品質・活動度Ｑは低下し、環境負荷Ｌも増えるという想定である。これに対してルート２は十分な対策を施した場合における現状から将来へのルートを示す。ルート３が都市政策の効果、即ちΔＬの減少分とΔＱの上昇分を示す。ΔＬとΔＱは、毎年のフローとしての努力の積み重ねにより達成されるストックの改善である。図14に示すように、「ＣＡＳＢＥＥ都市」は、①現状、②ＢＡＵ、および③将来目標の環境性能を比較し、政策の効果を２次元の図上に分かりやく示す。何よりも重要なことは、この政策効果の見える化によって市民と自治体当局等が将来目標を共有する枠組みが強化されることである。「ＣＡＳＢＥＥ都市」を用いて現状と将来の都市環境の評価を実施し、その結果を広く開示することによって、市民のライフスタイルを低炭素型のものへ誘導することが期待される。低炭素社会を実現するためには、市民を含むステークホルダーにある程度の痛みが発生することは避けらない。この痛みを乗り越えて市民の協力を仰ぐには、行政を執行する側とされる側の双方が、将来ビジョンを共有することが有効であると考えられる。

3・5　全国自治体の評価[8][9]

「ＣＡＳＢＥＥ都市」の評価項目は、一般に公表されているデータからスコアを算定し得る内容となっている。公表データを用いて全国の市区町村を同一尺度で評価することを試みた。２０１０年４月時点に存在する日本全国の１７５０の市区町村を対象として評価を実施し、その評価結果をＧＩＳ（Geographic Information System, 地理情報システム）に入力して日本地図上に出力した。その結果を図15～図20に示す。評価の高い自治体ほど濃い緑で、評価の低い自治体ほど薄い色で表されている。図15～図17には環境品質・活動度Ｑを構成するＱ１環境、Ｑ２社会、Ｑ３経済の評価結果が、図18にはこれらを合計したＱの評価結果が示されている。図19は環境負荷Ｌの評価結果、図20はＢＥＥ（Ｑ／Ｌ）の評価結果を示す。

Ｑの評価

図15がＱ１環境の評価結果であるが、人口密度の高い都市部ほど色が薄く、評価結果が悪い。その一方で人口密度の低い中山間地域ほど豊かな自然が残っており、評価結果が高いことが分かる。続いて図16がＱ２社会の評価結果である。社会面の評価結果も、環境面の評価結果ほど顕著ではないが、人口密度の高い都市部ほど評価が低い傾向がある。これは人口密度が高い都市部ほど、住宅の床面積が狭小であったり、犯罪や交通事故の発生率などが高いためである。図17がＱ３経済の評価結果である。経済の評価結果においてはＱ１環境やＱ２社会の評価結果とは全く逆で、人口密度の高い都市圏ほど良い評価となった。特に道路、鉄道、港湾等の交通機関や施設が整備され、総人口の大半が集中する太平洋ベルト地帯から瀬戸内海沿岸地域の評価結果の高さが顕著である。

図15、16、17に示したＱ１環境、Ｑ２社会、Ｑ３経済の評価結果を統合したものが図18に示

す環境品質・活動度Ｑの評価結果である。これによれば、北海道東部、関東西部、甲信越、北陸、東海、関西東部、中国西部等の地域においてＱの評価結果が高いことが分かる。これらの地域では、トリプルボトムラインを構成する環境面、社会面、経済面の三要素全ての評価結果が総じて高くなっており、バランスのとれた都市環境が実現されている。東京、名古屋、大阪、福岡等の大都市の周辺では、図17に示した通り、経済面の評価は非常に高いものの、自然環境面の評価や社会面の評価が相対的に低いことからＱ全体では必ずしも高い評価結果とはならない。

Ｌの評価

図19が環境負荷Ｌ（年間一人当たりのＣＯ$_2$排出量）の評価結果である。これを見ると、関東、関西、四国、九州の評価結果が高いことが分かる。関東、関西でも特に人口が高密度の自治体ほど評価が高くなっている。この理由として、暖房時のエネルギー効率の高い集合住宅に居住する者が多いことや、輸送エネルギー効率が高い公共交通機関の整備が進んでいることなどが指摘される。四国や九州の全域が総じて高い評価となっているのは温暖な気候を反映して、民生部門の中で大きな割合を占める給湯や暖房用のエネルギー消費が少ないことが貢献しているものと推察される。

ＢＥＥの評価

図20が環境効率ＢＥＥの評価結果である。前述したように、Ｑは人口密度の高い都市圏より

も人口密度が低い地方において相対的に評価が高いのに対して、Ｌは逆に地方よりも都市圏の方が評価が高かった。Ｑ／Ｌで定義されるＢＥＥは、この両者の結果が反映されているので、全体としては、都市圏と地方の間で顕著な差は生じなかった。しかし、関東西部、北陸、東海、関西、九州中部等に位置する自治体において、ＢＥＥの評価結果が周辺の自治体よりも相対的にやや高くなっている。同地域では、環境負荷Ｌの発生を抑制しつつ、環境品質・活動度Ｑは高い状態が維持されており、環境効率性の高い都市環境が実現されていることが分かった。

まとめ

以上のように都市環境の実態をＱやＬの構造に着目して〝見える化〟することは、自治体当局や市民に対して都市環境を改善するための強いインセンティブを与えることにつながる。このような結果から、各自治体が全国の自治体と比較して、どのような項目で優れており、どのような項目で劣っているかを把握することが可能になり、将来計画を立案する際の大きな参考となる。今回のような評価結果が今後、都市環境施策の計画・立案にフィードバックされれば我が国全体の環境性能の底上げにつながるものと考えられ、持続可能文明の構築に向けた動きが加速されることを期待するものである。

図15　CASBEE都市による全国自治体の評価：Q1 環境

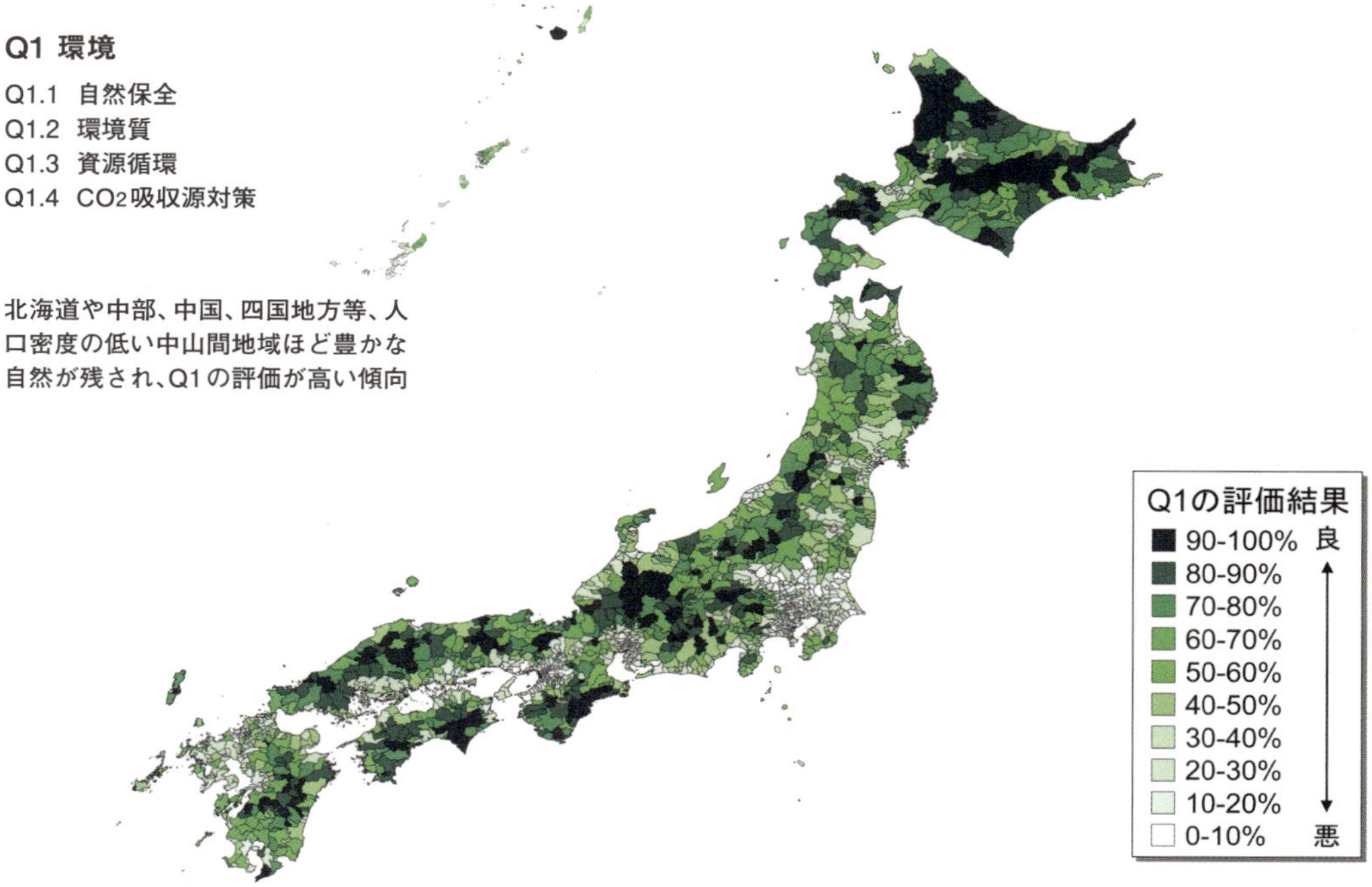

Q1 環境
Q1.1 自然保全
Q1.2 環境質
Q1.3 資源循環
Q1.4 CO2吸収源対策
北海道や中部、中国、四国地方等、人口密度の低い中山間地域ほど豊かな自然が残され、Q1の評価が高い傾向

図16　CASBEE都市による全国自治体の評価：Q2 社会

Q2 社会

Q2.1　生活環境
Q2.2　社会サービス
Q2.3　社会活力

北海道や中部、中国地方等、人口密度の低い地域では安心安全な暮らしが確保され、Q2の評価が高い傾向

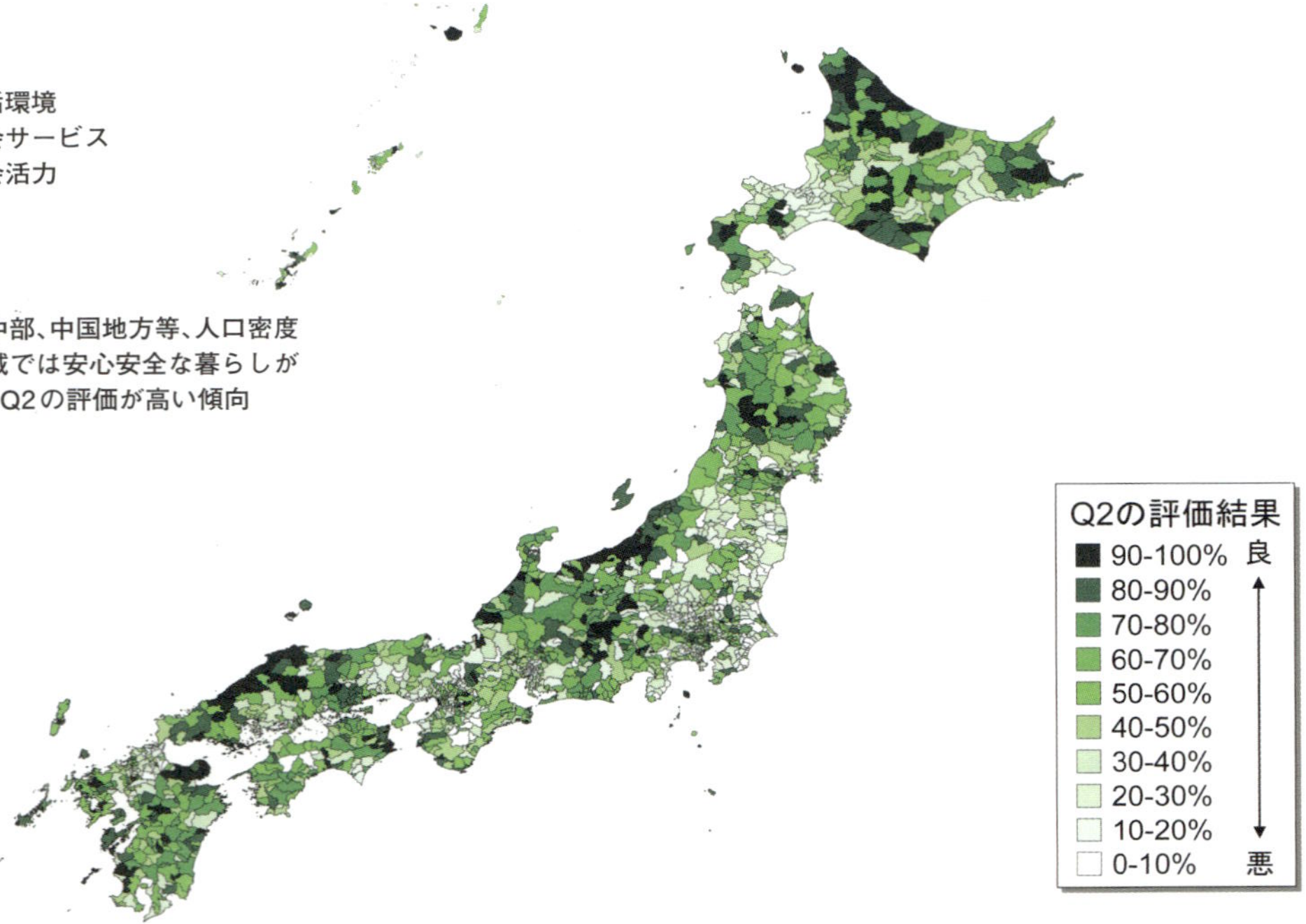

図17　CASBEE都市による全国自治体の評価：Q3 経済

Q3 経済

Q3.1　産業力

Q3.2　財政基盤力

Q3.3　CO_2取引力

関東、東海、関西地方の太平洋ベルト地帯から瀬戸内海沿岸地域に属する自治体の経済活動が活発で、Q3の評価が高い傾向

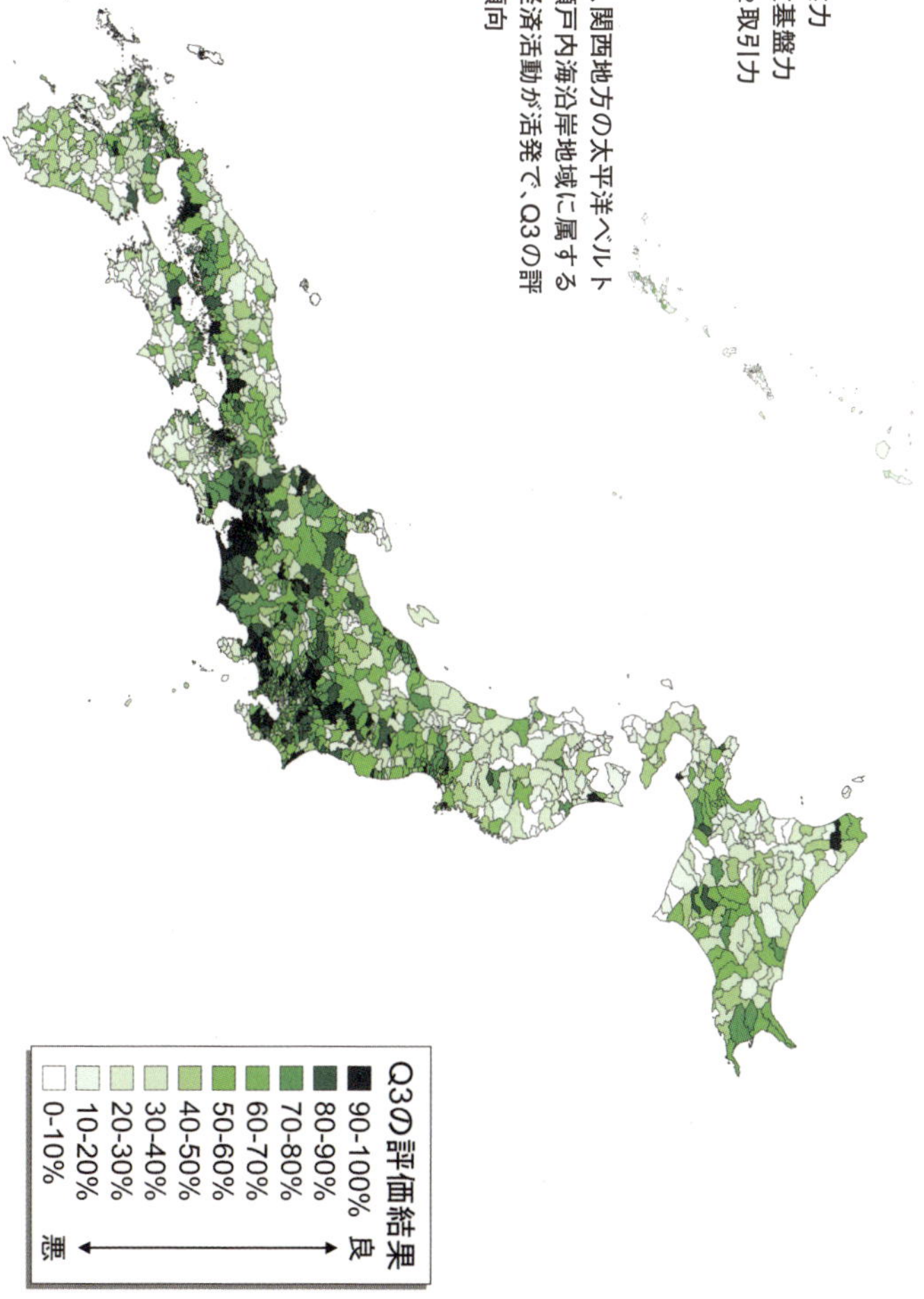

図18　CASBEE都市による全国自治体の評価：環境品質・活動度Q

Q＝Q1＋Q2＋Q3の合計

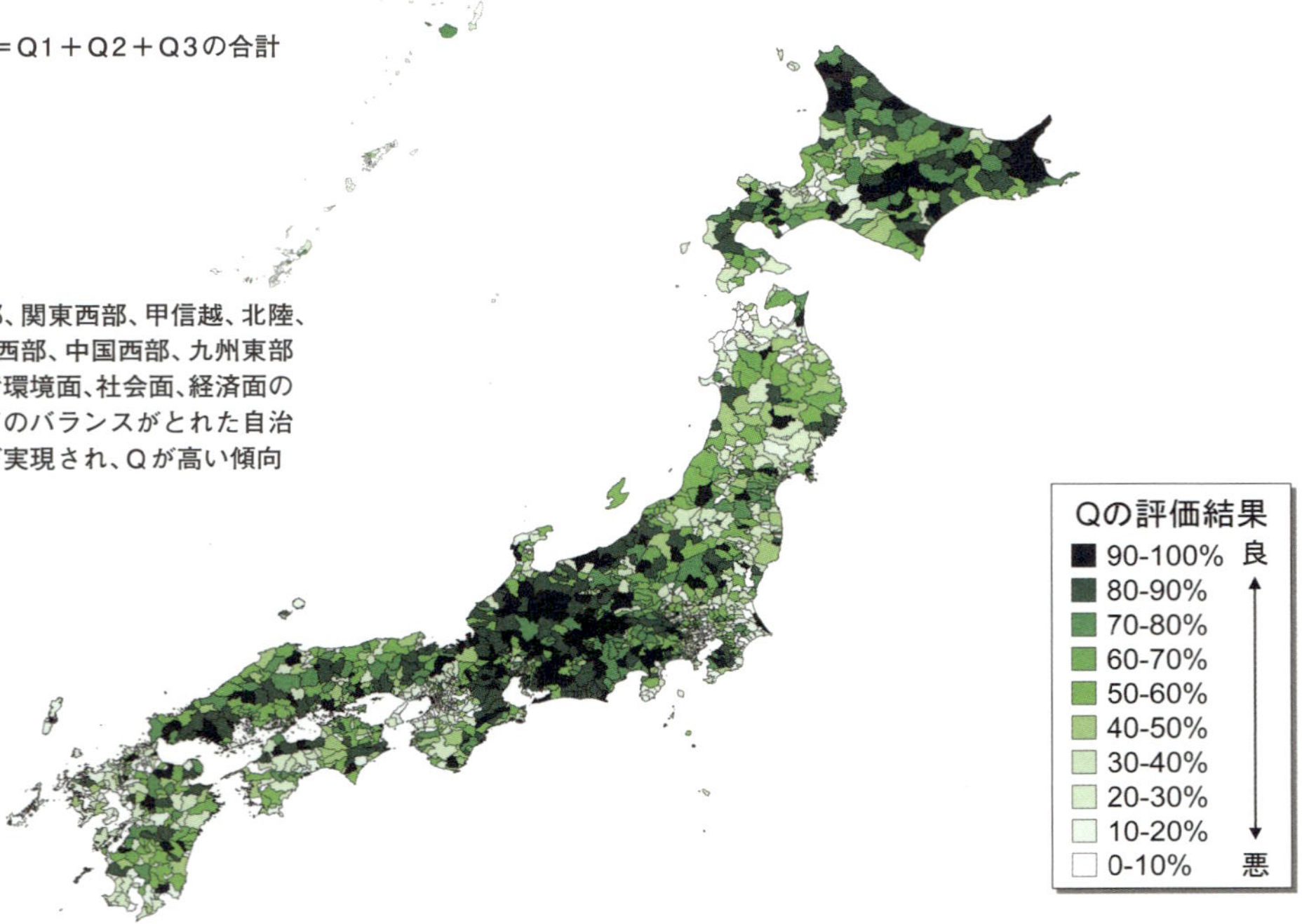

北海道東部、関東西部、甲信越、北陸、東海、関西西部、中国西部、九州東部の地域等で環境面、社会面、経済面の三要素全てのバランスがとれた自治体の運営が実現され、Qが高い傾向

図19　CASBEE都市による全国自治体の評価：環境負荷L

人口密度の高い関東、関西圏の評価結果が高い他、四国や九州といった温暖な地域においても、一人当たりCO_2排出量が小さく、Lの評価結果が高くなる傾向

図20　CASBEE都市による全国自治体の評価：環境効率BEE

関東西部、北陸、東海、関西、九州中部の自治体におけるBEEの評価結果が高くなっており、これらの地域で環境効率に優れた自治体の運営が行われている傾向

[１] IBEC (Institute for Building Environment and Energy Conservation)『ＣＡＳＢＥＥ建築環境総合性能評価システム (http://www.ibec.or.jp/CASBEE/)』
[２] BRE (Building Research Establishment)『BREEAM: the world's leading design and assessment method for sustainable buildings (http://www.breeam.org/)』
[３] USGBC (U.S. GREEN BUILDING COUNCIL)『USGBC: LEED (http://www.usgbc.org/DisplayPage.aspx?CategoryID=19)』
[４] IBEC (Institute for Building Environment and Energy Conservation)『ＣＡＳＢＥＥ都市 (http://www.ibec.or.jp/CASBEE/casbee_city.htm)』
[５] 村上周三ほか：都市の総合環境性能評価ツールＣＡＳＢＥＥ都市の開発―評価システムの理念と枠組み、日本建築学会技術報告集第17巻第35号、２０１１・２
[６] Murakami, Shuzo; Kawakubo, Shun; Asami, Yasushi; Ikaga, Toshiharu; Yamaguchi, Nobuhaya and Kaburagi, Shinichi (2011) Development of a comprehensive city assessment tool: CASBEE-City, Building Research & Information, 39(3), 195- 210
[７] 北九州市：ＯＥＣＤバックグランドレポート、２０１２
[８] Kawakubo, Shun; Murakami, Shuzo and Ikaga, Toshiharu (2011) Nationwide Assessment of City Performance Based on Environmental Efficiency, International Journal of Sustainable Building Technology and Urban Development, 2(4), 293-301
[９] 川久保俊ほか：建築物の総合環境性能評価手法に関する研究（その１１２）公開統計情報を用いたＣＡＳＢＥＥ都市による全国基礎自治体の環境性能評価、日本建築学会学術講演梗概集、２０１２・９

あとがき

〝スマート〟という言葉が環境／エネルギー問題解決のキーワードとして広く社会の関心を集め、頻繁にメディアに登場する。一昔前の〝エコ〟に近い感じである。〝エコ〟に比べると〝スマート〟の方が具体的イメージを持ちやすい。スマート化については、「情報技術の活用に基づく環境・エネルギーデザインのイノベーション」という比較的明確な定義を社会が共有しているからであろう。

しかしスマート化のような技術的対応だけで、地球環境問題の解決のために求められている大量消費型文明の見直しに対応できるわけがないと筆者は考えている。そのためには、物質信奉文明からの価値観の転換をもたらすパラダイムシフトが不可欠で、これを本書では〝スリム化〟と定義している。筆者は長く建築・都市の環境／エネルギー問題の研究に従事してきたが、スリム化の理念導入の必要性はこの過程で筆者の頭に定着したものであり、地球環境問題の解決に不可欠な考え方であると信じている。タイトルに〝スリム化〟を入れたのはこのような理由に基づくものである。しかし、未だ社会に定着していないスリム化という理念を導入することの意義、必要性をわかりやすく説明するのには相当の苦労をしたというのが実感であり、説明に意を尽くせたとは思っていない。

筆者は建築・都市分野の環境問題の研究にかかわる様々の研究委員会に参加する機会を得た。

これらの研究活動には産官学民の優れた有識者が参加しており、本書の取りまとめに際しては、これら多くの研究パートナーからいただいた多大な御示唆を参考にしている。本書はこれらの研究委員会の成果を参考にし、筆者が行った講演や投稿原稿を整理して、一つのシナリオの下にリライトしたものである。共に研究を推進した多くの仲間のご指導、ご協力に深く感謝する次第である。

以下に、本書で紹介した内容に関連する主要な研究活動と主なメンバーについて紹介する。詳細については付記されたホームページをご参照いただければ幸いである。

第1章のバナキュラー住宅の研究は、筆者が慶應義塾大学在職中に行った研究に基づいている。この研究は出口清孝氏（法政大学教授）や伊香賀俊治氏（慶應義塾大学教授）や村上研究室（当時）に在席した学生諸氏のご尽力で推進されたものである。

第2章の断熱と健康の研究は、国土交通省に設置されている「健康維持増進住宅研究委員会［事務局：一般社団法人日本サステナブル建築協会、委員長：村上周三、部会長：吉野博（元東北大学教授）、田辺新一（早稲田大学教授）、伊香賀俊治、小泉雅生（首都大学東京教授）、坊垣和明（東京都市大学教授）］」(http://www.mlit.go.jp/jutakukentiku/house/torikumi/kenkozoushin/kenkoji_top.html) において推進されたものである。本書で紹介した内容については特に伊香賀俊治教授と同研究室のメンバーの貢献が大きい。

同じく第2章の知的生産性の研究は、国土交通省に設置されている「知的生産性研究委員会［事務局：一般社団法人日本サステナブル建築協会、委員長：村上周三、部会長：川瀬貴晴（千葉大学教授）、田辺新一、宗本順三（岡山理科大学教授）、伊香賀俊治、坊垣和明］」（http://www.mlit.go.jp/jutakukentiku/house/torikumi/chiteki/chiteki/chiteki_top.html）において推進されたものである。本書で紹介した知的生産性の経済性評価に関する研究については伊香賀俊治教授の貢献が大きい。

同じく第２章の面的エネルギー利用の研究は「スマートエネルギータウン調査委員会［事務局：一般社団法人日本サステナブル建築協会、委員長：村上周三、幹事：工月良太（東京ガス）］」において推進されたものである。本書で紹介した内容については、工月氏の貢献が大きい。

第４章の環境モデル都市（２００８年４月に環境モデル都市の募集を開始 http://ecomodelproject.go.jp/ecomodel/）と環境未来都市構想（２０１１年９月に環境未来都市の募集を開始 http://futurecity.rro.go.jp/）の二つのプロジェクトは、内閣官房・地域活性化統合事務局において実施されているものである。両取組みを推進した中島正弘前事務局長、和泉洋人事務局長や事務局メンバーの強いリーダーシップの下で大きな成果が達成されている。

同じく第４章の、次世代エネルギー・社会システム実証事業は、経済産業省・資源エネルギー庁主導の下に実施されている。省エネルギー・新エネルギー部のリーダーシップが大きい。

第５章のＣＡＳＢＥＥ都市の研究は、「都市の環境性能評価ツール開発委員会［事務局：一般社団法人日本サステナブル建築協会、委員長：村上周三、主要メンバー：浅見泰司（東京大学教授）、山口信逸（清水建設）、蕪木伸一（大成建設）、伊香賀俊治、工月良太、川久保俊（慶應義塾大学）］」において推進されたものである。本書で紹介された内容については、特に川久保俊氏作成の資料に依拠する所が大きい。

本書の出版に関しては、鈴木廉也氏（エネルギーフォーラム出版部）の労を多とするところが多い。原稿執筆段階で室田泰弘氏（湘南エコノメトリクス）、加藤彰浩氏（東京ガス）から貴重なアドバイスをいただいた。また校正段階では、川久保俊氏、工月良太氏から多大のご支援を得た。上に掲げた人や、各種研究委員会において長年ご指導、ご協力をいただいた多くの先輩、同僚、後輩に対して、ここに記して深甚の謝意を表する次第である。

本書が、課題先進国といわれる日本の課題解決に向けて、建築／都市の未来の構想という側面から少しでも貢献を果たすことができるならば幸甚の至りであると考える。

２０１２年９月２日　　村上周三　記

村上周三　むらかみしゅうぞう

1942年生まれ。1965年東京大学工学部建築学科卒業、1985年東京大学生産技術研究所教授、1999年デンマーク工科大学（TUD）客員教授、2001年慶應義塾大学理工学部教授、2008年独立行政法人建築研究所理事長を経て、現在は一般社団法人建築環境・省エネルギー機構理事長（2003年〜）。東京大学名誉教授、工学博士。専門は建築・都市環境工学。日本学術会議連携会員、建築・住宅国際機構会長等を兼任。日本数値流体力学会会長、日本流体力学会会長、空気調和・衛生工学会会長、日本建築学会会長等を歴任。著書に『CFDによる建築・都市の環境設計工学』（単著、東京大学出版会、2000年）、『ヴァナキュラー建築の居住環境性能』（単著、慶應義塾大学出版会、2008年）他多数。

スマート&スリム未来都市構想

環境負荷の削減と環境品質の向上を求めて

2012年9月25日　第一刷発行

著　者　村上周三
発行者　志賀正利
発行所　株式会社エネルギーフォーラム
〒104-0061 東京都中央区銀座5-13-3　電話 03-5565-3500
印刷・製本所　錦明印刷株式会社
ブックデザイン　エネルギーフォーラム デザイン室

定価はカバーに表示してあります。落丁・乱丁の場合は送料小社負担でお取り替えいたします。

　ISBN978-4-88555-410-0